Medizinische Informatik und Statistik

Band 1: Medizinische Informatik 1975. Frühjahrstagung des Fachbereiches Informatik der GMDS. Herausgegeben von P. L. Reichertz. VII, 277 Seiten. 1976.

Band 2: Alternativen medizinischer Datenverarbeitung. Fachtagung München-Großhadern 1976. Herausgegeben von H. K. Selbmann, K. Überla und R. Greiller. VI, 175 Seiten. 1976.

Band 3: Informatics and Medecine. An Advanced Course. Edited by P. L. Reichertz and G. Goos. VIII, 712 pages 1977.

Band 4: Klartextverarbeitung. Frühjahrstagung, Gießen, 1977. Herausgegeben von F. Wingert. V, 161 Seiten. 1978.

Band 5: N. Wermuth, Zusammenhangsanalysen Medizinischer Daten. XII, 115 Seiten. 1978.

Band 6: U. Ranft, Zur Mechanik und Regelung des Herzkreislaufsystems. Ein digitales Simulationsmodell. XVI, 192 Seiten. 1978.

Band 7: Langzeitstudien über Nebenwirkungen Kontrazeption – Stand und Planung. Symposium der Studiengruppe „Nebenwirkungen oraler Kontrazeptiva – Entwicklungsphase", München 1977. Herausgegeben von U. Kellhammer. VI, 254 Seiten. 1978.

Band 8: Simulationsmethoden in der Medizin und Biologie. Workshop, Hannover, 1977. Herausgegeben von B. Schneider und U. Ranft. XI, 496 Seiten. 1978.

Band 9: 15 Jahre Medizinische Statistik und Dokumentation. Herausgegeben von H.-J. Lange, J. Michaelis und K. Überla. VI, 205 Seiten. 1978.

Band 10: Perspektiven der Gesundheitssystemforschung. Frühjahrstagung, Wuppertal, 1978. Herausgegeben von W. van Eimeren. V, 171 Seiten. 1978.

Medizinische Informatik und Statistik

Herausgeber: S. Koller, P. L. Reichertz und K. Überla

10

Perspektiven der Gesundheitssystemforschung

Frühjahrstagung, Wuppertal, 1978
Fachbereich Planung und Auswertung
der Deutschen Gesellschaft für
Medizinische Dokumentation, Informatik
und Statistik – GMDS –

Herausgegeben von W. van Eimeren

Springer-Verlag
Berlin · Heidelberg · New York 1978

Reihenherausgeber
S. Koller, P. L. Reichertz, K. Überla

Mitherausgeber
J. Anderson, G. Goos, F. Gremy, H.-J. Jesdinsky, H.-J. Lange,
B. Schneider, G. Segmüller, G. Wagner

Bandherausgeber

Wilhelm van Eimeren
Institut für Medizinische Informations-
verarbeitung, Statistik und Biomathematik - ISB
Marchioninistraße 15
8000 München-70

ISBN-13: 978-3-540-09076-2 e-ISBN-13: 978-3-642-81286-6
DOI: 10.10007/978-3-642-81286-6

CIP-Kurztitelaufnahme der Deutschen Bibliothek. *Perspektiven der Gesundheitssystemforschung* : Frühjahrstagung 1978, Wuppertal / Fachbereich Planung u. Auswertung d. Dt. Ges. für Med. Dokumentation, Informatik u, Statistik, GMDS. Hrsg. von W. van Eimeren. – Berlin, Heidelberg, New York : Springer, 1978.
(Medizinische Informatik und Statistik ; 10)
NE: Eimeren, Wilhelm van [Hrsg.]; Deutsche Gesellschaft für Medizinische Dokumentation, Informatik und Statistik / Fachbereich Planung und Auswertung

Softcover reprint of the hardcover 1st edition 1978

2141/3140 – 5 4 3 2 1 0

VORWORT

In den letzten Jahren werden auch in der Bundesrepublik Bemühungen immer häufiger, zur Analyse der strukturellen bzw. organisatorischen Voraussetzungen und der Generierung oder Fundierung von Vorschlägen zur Änderung der Gesundheitsversorgung mit wissenschaftlichen Methoden beizutragen.

Bisher allerdings existiert in Deutschland keine eindeutige publizistische oder organisatorische Konzentration der mit der Gesundheitssystemforschung befaßten Wissenschaftler bzw. ihrer Beiträge.

Die Frühjahrstagung des Fachbereichs Planung und Auswertung sollte - zumindest bezogen auf die "GMDS-Öffentlichkeit" - mit eingeladenen Beiträgen deshalb nicht nur exemplarisch einen Eindruck von diesem Forschungsbereich vermitteln, sondern auch den darin Tätigen Gelegenheit geben, sich als eine interdisziplinäre Wissenschaftlergruppe wahrzunehmen, die - wenn sie auf Dauer effektiv sei will - auch entsprechende strukturelle Voraussetzungen für den wissenschaftlichen Dialog schaffen muß.

München, im August 1978 Wilhelm van Eimeren

INHALTSVERZEICHNIS

J.R. MÖHR

F.B. Medizinische Informatik, Universität Heidelberg/F.H. Heilbronn

Impulse für Systemforschung in der ambulanten Versorgung durch EDV-Einsatz

1. Einleitung

Systemforschung ist wissenschaftliche Methode, bei komplexen Problemen, Entscheidungen zu faellen. Systemforschung ist ein Dachbegriff, der viele Wissenschaften ueberspannt. Als solche ist sie in der Medizin nicht neu. Sie hat in der Medizin sogar eine lange Tradition, die damit begann, dass Anatomen Leichen zergliederten und untersuchten. Nicht der grundsaetzliche Ansatz, sein Untersuchungsobjekt ist also neu.
Bisher war das Objektsystem der medizinischen Systemforschung mit dem Objektsystem der Medizin identisch: er war der Mensch, den es zu behandeln galt, sein Organismus, die sozialen Gruppierungen die sich aus diesen formten.
Die Einflussnahme auf das Subjektsystem, die Medizin als solche, den Arzt, das Krankenhaus, war Politikern ueberlassen. Im Bewusstsein der Mediziner selber spielte sie eine untergeordnete Rolle, in der Lehre von der Medizin war sie nicht enthalten und ist es auch heute nur andeutungsweise.

Daran, dass sich diese Einstellung geaendert hat, sind mindestens drei unabhaengige Stroemungen beteiligt:

- In zahlreichen medizinischen Fachdisziplinen breitet sich die Erkenntnis aus, dass die konsequente Anwendung des schon verfuegbaren methodischen Arsenals auf alle, die seiner beduerften, nicht praktikabel ist. Hier sind also Entscheidungen ueber Prioritaeten erforderlich. Diese sind aber nur moeglich im Rahmen einer Erwaegung der Zielsetzungen und Moeglichkeiten des Gesamtsystems.
- Auch bei der Analyse des Objektsystems Patient stoesst man an Grenzen. Besonders in der Epidemiologie und Sozialmedizin wird deutlich, dass bedeutende medizinische Probleme nur erfasst werden koennen, wenn die Umwelt in die Betrachtungen einbezogen wird. Dies Erfordernis, wie auch das internationaler Vergleichbarkeit der Methoden, fuehrt zwangslaeufig auch zu einer intensiven Auseinandersetzung mit alternativen Systemen der Gesundheitsversorgung.
- In der Medizinischen Informatik schliesslich bedingt die starke Einflussnahme auf existierende organisatorische Strukturen, die die Einfuehrung von Computern bedeutet, die Genauigkeit der Spezifikation, welche die Algorithmisierung des Verfahrens voraussetzt, ebenso wie die Rechtfertigung der erheblichen finanziellen Aufwendungen eine detaillierte Beschaeftigung mit dem Gesundheitswesen und seinen Komponenten.

Insgesamt ist so, zusaetzlich zur traditionellen politischen Auseinandersetzung um das Gesundheitswesen ein breit gefaechertes wissenschaftliches Engagement entstanden. Diese Feststellung sei den folgenden Betrachtungen vorangestellt, in denen der Einfluss der Computeranwendung auf die Systemforschung in der ambulanten medizinischen Versorgung - in der Folge als "ambulante Versorgung" bezeichnet - zusammengefasst werden soll. Das Thema sollte nicht als

Ausdruck eines Ausschliesslichkeitsanspruchs gedeutet werden. Mit ihm war nicht gemeint, dass die einzigen oder auch nur die wesentlichsten Impulse fuer die Systemforschung von der Informatik ausgehen.
Allerdings ist festzuhalten, dass die Einfuehrung der Systemforschung seit ihren Anfaengen als "Operations research" von der Entwicklung des Computers begleitet war und beide Entwicklungen intensiv von einander profitieren. So sind heute viele Techniken der Systemforschung ohne Computeranwendung nicht denkbar, wie auch umgekehrt die Einfuehrung von Computern in existierende Prozesse und Organisationsstrukturen der Vorbereitung durch Systemanalyse und Systemforschung bedarf.
Es ist dabei eine der gelegentlich unnatuerlich wirkenden Besonderheiten dieser angewandten Wissenschaft, der Medizinischen Informatik, dass hier Probleme fuer verfuegbare Methodik der Loesung gesucht werden, und nicht umgekehrt eine Methode zur Loesung eines existierenden und identifizierten Problems. Gerade diese Umkehrung der Forschungsrichtung stellt aber offenbar einen wesentlichen Stimulus der Systemforschung dar. Es waere sogar eine Ueberlegung wert, wie weit diese Umkehrung an der Entstehung der Systemwissenschaft beteiligt war. Diese Stimulation ist das Thema dieses Beitrags.

2. Rolle und Aufgabe der Systemforschung

Unter "System" sollen in der Folge nur noch organisatorische Strukturen verstanden werden, deren Komponenten einer gemeinsamen Zweckerfuellung dienen. Es gibt viele Moeglichkeiten, auf derartige Systeme Einfluss auszuueben, und ueber sie Entscheidungen zu faellen (5).

- Eine verbreitete Methode ist die, das Schicksal des Systems in die Haende eines bewaehrten Managers zu legen, der von Fall zu Fall seine Entscheidungen trifft. Diese Methode der "Antiplanung" ist so gut, wie das System, das zur Auswahl des Managers fuehrt, und wie das System das die Informationen liefert, auf die dieser seine Entscheidungen aufbauen kann. Mit dieser Feststellung ist nicht gesagt, dass es sich bei dem Informationssystem des Managers um ein ingenieursmaessig erfassbares handeln muss. Die sogenannten intuitiven Entscheidungen sind eingeschlossen.

- Eine andere Methode ist die der Planung. Sie ist dadurch gekennzeichnet, dass ein Systementwurf vollstaendig konzipiert, im Detail spezifiziert und entsprechend realisiert wird. Die Grenzen dieses Verfahrens liegen darin, dass sich die Effekte des erstellten System in der Planungsphase nur schlecht ueberschauen lassen.

  Manches von dem, was als Systemanalyse ausgegeben wird, muesste eigentlich einfacher Planung zugerechnet werden. Daran aendert auch das Anreichern des Produktes mit Flussdiagrammen, Blockschemata und Netzplaenen nichts.
- Das wissenschaftliche Vorgehen der Systementwicklung dagegen, umfasst
  = die Analyse des bestehenden Systems
  = den Entwurf von Alternativen
  = deren Erprobung
  = Auswahl eines geeigneten Systems, evtl. nach mehrfacher Wiederholung der vorangehenden Punkte.

Dieses Vorgehen hat einige Vorteile, insofern als es die Wahrscheinlichkeit fuer und die Kosten von Fehlschlaegen reduzieren hilft. Es fuehrt auf einem meist muehevollen aber dafuer verhaeltnismaessig sicheren Weg zur Problemloesung. Sicher lassen sich nicht alle Probleme auf diese Weise loesen. Sicher gibt es viele antiplanerisch eingestellte Manager, deren Effizienz von keinem Team von Systemwissenschaftlern zu uebertreffen ist. Vor allem aber hat das systemwissenschaftliche Vorgehen selbst seine Grenzen.

Fuer die Systemanalyse wird empfohlen,

= die globale Zielsetzung und Aufgabenstellung (goals)

= die Umgebungsbedingungen

= identifizierbare Unterprobleme (objectives)

= die systeminternen Komponenten

= die Entscheidungstraeger

= an diese gestellte Anforderungen, wie geforderte Leistungen, verfuegbaren Resourcen sowie deren zeitliche und oertliche Zusammenhaenge

= Kriterien zur Beurteilung der Systemleistungen

zu untersuchen.

Eine entscheidende Schwachstelle ist dabei die Beurteilung der Systemumgebung. Letztlich ist sie konstant, das Universum mit seinen physischen und metaphysischen Komponenten. Einbeziehung der Umwelt in diesem Ausmass ist jedoch praktisch nutzlos. Wegen ihrer Unuebersichtlichkeit muss man sich mit einem Ausschnitt begnuegen. Die Wahl des Ausschnitts der Umwelt, der in die Systemanalyse miteinbezogen wird, ist aber letztlich Geschmackssache und in ihrem Wesen nicht von der intuitiven Entscheidung des antiplanerischen Managers verschieden. Sie entscheidet wesentlich ueber die Qualitaet der Arbeit. Sie bringt ein Element der Kunst in die Wissenschaft der Systemanalyse. Wird der Ausschnitt zu gross gewaehlt, besteht die Gefahr, dass die Systemanalyse aus Praktikabilitaetsgruenden scheitert. Wird er zu klein gewaehlt, besteht die Gefahr der Suboptimierung, der Optimierung eines Teilsystems zum Schaden des Ganzen. Selbst bei vertretbarem Umfang kann der gewaehlte Ausschnitt der Umwelt noch unguenstig sein.

Trotz dieser Einschraenkung hat sich das systemwissenschaftliche Vorgehen, gerade im Zusammenhang mit der Anwendung von EDV-Anlagen, als nutzbringend und sinnvoll erwiesen, weil es ein Weg ist, in weitgehend reproduzierbarer Weise eine Entscheidungsgrundlage zu liefern, die leicht in Programmen abzubilden ist, wobei diskutierte Alternativen gleichzeitig durch Simulation erprobt werden koennen.

3. Voraussetzungen fuer Systemforschung im ambulanten Gesundheitswesen

Es bestehen enge Beziehungen zwischen den in der angewandten Systemforschung verwandten Methoden, und den Eigenschaften des untersuchten Systems. Als naechstes moechte ich daher einige bekannte Charakteristiken unseres Systems der ambulanten medizinischen Versorgung zusammenfassen und in ihrer Bedeutung fuer die Systemforschung diskutieren. Dabei muessen natuerlich viele Eigenschaften, die vor allem fuer die Erfuellung der Dienstleistungsaufgabe des Gesundheitswesens und weniger fuer die Systemforschung relevant sind, unerwaehnt bleiben.

Eins der fuer die Systemforschung besonders bedeutsamen Kennzeichnen des ambulanten Versorgungssystems in der BRD ist, dass es als solches in relativ unabhaengiger Form, als weitgehend selbstaendiges System, ueberhaupt existiert.

Diese Eigenstaendigkeit laesst sich auf die konsequente Durchsetzung weniger Grunddogmen zurueckfuehren. Zunaechst waeren da zu nennen

- das Prinzip der freien Arztwahl durch den Patienten
- das Prinzip der freien Wahl der Behandlung durch den Arzt.

Ihre Durchsetzung hat vor einem Jahrhundert zur Einfuehrung eines Zwangversicherungssystems gefuehrt, das den Zugang zur medizinischen Versorgung so erleichtert, dass eine freie Arztwahl - zumindest in Ballungsgebieten - moeglich wird.

Ausserdem wurde die berufsstaendische Vertretung der Aerzteschaft in Form der Aerztekammern - seit den Tagen der Bundesrepublik wieder auf Landesebene organisiert - mit so grosser Autonomie ausgestattet, dass auch die freie Wahl der Behandlung weitgehend realisiert werden kann.

Wenn auch das Prinzip der Krankenversicherung in allen Industrienationen inzwischen in der einen oder anderen Form uebernommen ist, so ist doch die starke Autonomie der Aerzteschaft ein Kennzeichen relativ weniger westlicher Industriestaaten - vor allem der Bundesrepublik und der USA. Im uebrigen finden sich unterschiedliche Grade staatlicher Einflussnahme auf die Aerzteschaft - etwa in Grossbritannien, den skandinavischen Laendern und Jugoslawien - bis hin zu den vom Staat kontrollierten Gesundheitssystemen in den sozialistischen Staaten (17).

Ein weiteres Grundprinzip unseres Gesundheitssystems hat zusammen mit den vorgenannten bei uns dazu gefuehrt, dass die ambulante Versorgung auch noch innerhalb des selbstaendigen Systems der medizinischen Versorgung mit relativ grosser Autonomie ausgestattet ist. Es ist das Prinzip der medizinischen Versorgung der Bevoelkerung durch eine als freie Unternehmer taetige Aerzteschaft. Dieses hat dazu gefuehrt, dass in freier Praxis taetigen niedergelassenen Aerzten ein Monopol fuer die ambulante Behandlung zugestanden wurde. Das ist durch ein System garantiert, das ein unabhaengiges Finanzierungssystem mit einer unabhaengigen politischen Vertretung vereinigt. Die wesentliche Schluesselstellung haben darin die wiederum auf Laenderebene organisierten Kassenaerztlichen Vereinigungen inne.

Ein anderes wesentliches Charakteristikum der ambulanten Versorgung liegt in der Aufgabenstellung. Diese ist weitgehend kurativ akzentuiert, und auf eine Behandlung somatischer Stoerungen ausgerichtet. Damit ist die ambulante Versorgung nicht nur in organisatorischer Hinsicht weitgehend selbstaendig, sondern ist in ihrer Aufgabenstellung auch deutlich von anderen Komponenten der sozialen Fuersorge und der Seelsorge getrennt.

Versucht man, die Leistungen dieses Systems nach angelsaechsischen Muster als

- Primaer-
- Sekundaer- und
- Tertiaerversorgung

einzustufen, so stellt man fest, dass sie ueberwiegend der Primaerversorgung zuzurechnen sind. Die ambulante Versorgung stellt also den ersten Kontakt des Patienten mit dem System der medizinischen Versorgung her. Sie erfuellt ausserdem Aufgaben der Sekundaerversorgung, also der Aufarbeitung spezieller Probleme durch Spezialisten. Ausserdem hat sie einen geringen Anteil an der hochspezialisierten Tertiaerversorgung - man denke etwa an ambulante Dialysezentren.

Das Ueberwiegen der Primaerversorgung ist sowohl an der Zusammensetzung der niedergelassenen Aerzte, als auch der der von ihnen versorgten Patienten abzulesen. Etwa 60% der niedergelassenen Aerzte sind als praktische Aerzte oder Aerzte fuer Allgemeinmedizin niedergelassen, ca. 40% als Fachaerzte anderer Spezialgebiete. Die Verhaeltnisse verschieben sich nur unwesentlich wenn man einen Anteil von etwa 15% an der Kassenaerztlichen Versorgung beteiligte und zu speziellen Leistungen ermaechtigte Aerzte hinzurechnet, bei denen es sich ausschliesslich um Fachaerzte handelt.

Einen ueberschlagsmaessigen Anhalt ueber den Anteil der primaer versorgten Patienten geben die abgerechneten Scheinzahlen (3). Etwas mehr als 60% der Scheine werden von Praktischen Aerzten und Aerzten fuer Allgemeinmedizin abgerechnet, etwas weniger als 40% von Fachaerzten. Beruecksichtigt man, dass rund 20% der Patienten im Laufe eines Quartals von Allgemeinaerzten an Fachaerzte ueberwiesen und dort nochmals abgerechnet werden (11), und nimmt man weiterhin an, dass auch

von den Fachaerzten 20% untereinander ueberwiesen werden, so ergibt sich, dass die Primaerversorgung bei 75% der Patienten durch Allgemeinaerzte und bei 25% durch Fachaerzte erfolgt.
Nicht beruecksichtigt sind dabei die Patienten, die in Ambulanzen und Notfallkliniken primaerversorgt werden. Ihr Anteil ist jedoch bei uns gering, da auch der Notdienst ganz ueberwiegend von der niedergelassenen Aerzteschaft versehen wird.
Fuer die Fachaerzte ergibt sich, dass etwa 50% der von ihnen versorgten Patienten der Primaerversorgung zuzurechnen sind. Diese Durchschnittszahl ist jedoch ohne Bedeutung, da der Anteil je nach Fachdisziplin zwischen 0 und fast 100% variieren kann.
Wichtig ist noch, dass der Anteil der von der niedergelassenen Aerzteschaft versorgten Bevoelkerung ueber 90% der ueberhaupt in aerztlicher Behandlung befindlichen Bevoelkerung betragen duerfte (11), deren Anteil an der Gesamtbevoelkerung nach verschiedenen Quellen im Laufe eines Quartals bei 60% liegt (7).

Waehrend man in finanzieller und politischer Hinsicht aehnlich unabhaengige Gesundheitssysteme auch noch in anderen Staaten, etwa den USA findet, zeichnet sich die ambulante Versorgung bei uns (so wie Oesterreich und der Schweiz) zudem dadurch aus, dass sie von der stationaeren Versorgung finanziell, organisatorisch und vor allem personell voellig getrennt ist. Waehrend in den sozialistischen Laendern ambulante und stationaere Versorgung unter gleicher Fuehrung oft von den gleichen Institutionen und Personen wahrgenommen werden, in den suedeuropaeischen Laendern die ambulante Versorgung weitgehend als Nebentaetigkeit von Krankenhausaerzten durchgefuehrt wird, und in den USA und den nordwesteuropaeischen Staaten belegaerztliche Taetigkeit einen wesentlicheren Aspekt der Taetigkeit der niedergelassenen Aerzte darstellt, ist bei uns eine fast voellige Trennung erreicht (17).
Diese Art der Eigenstaendigkeit von ambulanter und stationaerer Versorgung trotz im Grundsatz gleicher Zielsetzung hat einige Nebenwirkungen gebracht, die nicht nur fuer den Systemforscher von Bedeutung sind. Verbunden mit ihr war eine Trennung auch von der akademischen Medizin. So ergab sich, dass der Kenntnisstand ueber Probleme der ambulanten Versorgung und der niedergelassenen Aerzteschaft im akademischen Bereich immer geringer wurde, waehrend sich gleichzeitig die ambulante Versorgung als zunehmend spezialisiert und von der stationaeren Versorgung verschieden herausdifferenzierte.
Dass diese Entwicklung entscheidende Konsequenzen fuer die Effizienz

von Forschung und Lehre fuer diesen Teil des medizinischen Versorgungssystems hatte, sollte nicht erstaunen.
Die Eigenstaendigkeit der ambulanten Versorgung und ihre Aufteilung in zahlreiche unabhaengige Einzelbetriebe muss auch vom medizinischen Informatiker und den Systemforscher beruecksichtigt werden.
Eine der vordergruendigsten Folgen ist, dass der medizinische Informatiker ueberhaupt vor die Aufgabe gestellt wird, Systeme fuer diesen Anwendungsbereich zu schaffen. In Staaten, wo die Abtrennung der ambulanten Medizin nicht in dieser Form vollzogen ist, tritt das Problem der Erstellung separater informationsverarbeitender Systeme in dieser Form gar nicht in Erscheinung.
In der Erfuellung seiner Aufgabe ist der Informatiker zunaechst darauf angewiesen, sich praktisch bei Null anfangend Information ueber das zu unterstuetzende System zu verschaffen. Diese Aufgabe wird dadurch erschwert, dass das Untersuchungsobjekt aus zahlreichen Einzelbetrieben besteht, deren natuerliche Tendenz zur Individualitaet noch dadurch gefoerdert wird, dass die Aerzte als Entscheidungstraeger waehrend ihrer Ausbildung keine vereinheitlichende Praegung bezueglich der Praxisorganisation erfahren.
Der so bedingte Mangel an gesicherter Information unterstuetzt fuer die ambulante Versorgung ganz besonders die Gefahr der Suboptimierung. Diese wird noch dadurch verstaerkt, dass die Gesetze, die zur Sicherung des Berufsstandes erlassen wurden, und die ohne Zweifel zur Stabilisierung des Systems und zur Verbesserung seiner Leistungsfaehigkeit beitragen, den Spielraum fuer alternative Modelle einschraenken. So sind Alternativmodelle, wie sie beispielsweise in den USA entwickelt und praktisch erprobt wurden (20), und die z.T. auch eine Integration von Komponenten beinhalten, die im existierenden System der Gesundheitsversorgung nicht enthalten sind, bei uns noch nicht angegangen worden.
In dieser Situation ist es auf dem Gebiet der Computeranwendung in der ambulanten Versorgung verbreitet dazu gekommen, dass relativ grobe

Systementwuerfe realisiert wurden. Im Vertrauen darauf, dass sich schon zeigen werde, was diese taugen, und dass schliesslich die besten ueberbleiben wuerden, begann man mit ihrer Eprobung. Wie schon erwaehnt, kann dieses weitgehend antiplanerische Vorgehen zwar zum Erfolg fuehren, das Problem ist nur, dass es das nicht muss. Die bisher ueber die Erprobung vorgelegten Ergebnisse schraenken zum Teil den Optimismus ein (9).

Die Gefahr der Suboptimierung wird nicht nur bei der Bearbeitung von partikulaeren Aufgabenstellungen mit Computer, sondern auch auf der uebergeordneten Ebene des Gesamtsystems deutlich. Man braucht sich nur zu vergegenwaertigen, dass der ueberwiegende Teil der Probleme, die in der Primaerversorgung kurativ behandelt werden, zu einem Kreis von Krankheitserscheinungen gehoeren, bei denen Stress, Ueberbeanspruchung, Diaetfehler und andere Fehler in der Lebensweise die entscheidenden aetiologischen Faktoren darstellen (8, 11). Diese sind durch kurative Massnahmen am bereits Erkrankten nur unvollkommen zu beheben. Der Anwendung von wirkungsvollen Praeventiv- und Frueherkennungsmassnahmen steht aber unter anderem die Trennung des ambulanten Versorgungssystems auch von der Gesundheitserziehung und die beschraenkte Unterstuetzung von Frueherkennungsmassnahmen durch das bestehende Finanzierungssystem entgegen. Das Ausmass dessen, was auf diese Weise unter Umstaenden versaeumt wird, wird deutlich, wenn man sich vergegenwaertigt, dass in den USA der Zwang zum Anlegen der Sitzgurte durch Autofahrer dazu gefuehrt hat, dass ganze Unfallkliniken geschlossen werden mussten.

Es sei eingestanden, dass Wirkungen dieses Ausmasses auf der Ebene des Gesamtsystems des Gesundheitswesens nicht leicht zu erreichen sind. Das Prinzip um das es geht, illustrieren sie jedoch deutlich. Moeglicherweise sind die Gefahren der Suboptimierung ausserhalb der Sphaere unmittelbaren Computereinsatzes noch groesser als in diesem Bereich. - Dafuer finden sich auch beim im vorigen Jahr in Kraft getretenen KVKG einige Beispiele (8).

4. Systemforschung in der ambulanten Versorgung

Nach diesem notwendigerweise vergroebernden Ueberblick ueber die Aspekte der ambulanten Versorgung, die die Arbeitsweise des Systemforschers bestimmen, moechte ich nun auf die Wege eingehen, die sich zur Systemforschung und Systemanalyse auf diesem Gebiet herausgebildet haben.

Lassen Sie mich dabei mit den Erfordernissen der Systemanalyse beginnen. Das Problem der Auswahl des Umsystems habe ich schon angesprochen. Die einzige Moeglichkeit, den durch dies Problem bedingten Einschraenkungen des systemwissenschaftlichen Vorgehens zu begegnen, besteht m.E. darin, unterschiedliche gesellschaftliche Koerperschaften an der Systemforschung zu beteiligen und deren Ergebnisse gegeneinander abzuwaegen. Entsprechendes gilt auch hinsichtlich der Entscheidung ueber die globale Zielsetzung des Systems.

Im Gegensatz zu diesen noch sehr allgemein gueltigen Regeln fuer die Systemforschung, bedingt die Bearbeitung der anderen Komponenten der Systemanalyse schon sehr viel spezielleres Eingehen auf die Gegebenheiten in der ambulanten Versorgung.

Die Identifikation der Unterprobleme (objectives), der systeminternen Komponenten, der Entscheidungstraeger und der an diese gestellten Anforderungen muss im Milieu der ambulanten Medizin, die in Deutschland in etwa 50.000 Einzelbetriebe aufgegliedert ist, erfolgen. Ein vordergruendiges Problem ist dabei, mit vertretbarem Aufwand zu akzeptablen Ergebnissen zu kommen.

Der Weg, der hier zu einer Loesung fuehrt, besteht in einem mehrstufigen Vorgehen. Dabei werden zunaechst billige Methoden eingesetzt, um einen orientierenden Ueberblick zu verschaffen. Aus den Ergebnissen koennen dann auf einer ersten Stufe der Modellbildung die Komponenten abstrahiert werden, die einer genaueren Untersuchung beduerfen, um die im Rahmen der globalen Zielsetzung auftauchenden Fragen zu klaeren. Fuer ihre Analyse koennen dann aufwendigere Methoden gezielt eingesetzt werden.

Als billige Methoden zur Erlangung eines orientierenden Ueberblicks haben sich

- qualitative Beschreibungen
- Experteninterviews

bewaehrt.

Durch Einsatz weniger allerdings erfahrener Analytiker kann ein relativ detailliertes Abbild der wesentlichen Komponenten in der ambulanten Versorgung erstellt werden.

Wir haben diese Methode an der Medizinischen Hochschule Hannover angewandt, um Aufschluss ueber Allgemeinpraxen zu erhalten, wobei in den betreffenden Untersuchungen besonders die Aspekte der Praxisorganisation in Hinblick auf Informationsverarbeitung und Dokumentation beruecksichtigt wurden (14).

Diese Untersuchungen zeigten schon

- dass eine unerwartete Heterogenitaet selbst in diesen Praxen eines Spezialisationstypes bestand,
- dass die interne Kommunikation die Kommunikation nach aussen an Volumen weit uebertraf, aber nicht als Problem wahrgenommen wurde,
- dass die Taktzeiten, nach denen der Praxisbetrieb ablaeuft, so kurz sind, dass man eine weitere Zeiteinsparung nicht erwarten konnte und wahrscheinlich nicht einmal anstreben durfte,
- dass das Personal im allgemeinen so knapp bemessen ist, dass auch eine Personaleinsparung nicht moeglich ist.

Damit waren schon im ersten Anlauf einige der Annahmen unsicher geworden, die bis dahin als Probleme, fuer die eine Computerunteranwendung in diesen Bereich in Frage kaeme, aufgefuehrt worden waren. Ausserdem waren einige Angelpunkte des Systems identifiziert, die in nachfolgenden detaillierten quantitativen Analysen gezielt untersucht werden konnten.

An grundsaetzlichen Techniken, die fuer nachgeordnete Detailanalysen im Milieu der ambulanten Versorgung mit ihrem verzweigten Netz von Einzelbetrieben angewendet werden koennen, bieten sich an:

- objektive Aktivitaetsanalysen
  = durch automatische Registrierung
  = durch Selbstregistrierung
  = durch Beobachter
- subjektive Erhebungen
  = durch Interviews

= durch Fragebogen

= mit Delphitechnik.

Unter den Methoden der objektiven Aktivitaetsanalyse erlangt automatische Registrierung erst bei der Erprobung von automatisierten Informationssystemen Bedeutung.

Das naechst billige Mittel duerfte die Selbstregistrierung sein. Sie beinhaltet, dass die am beobachteten Prozess Beteiligten selbst Aufzeichnungen ueber Art, Haeufigkeit, Ort usw. fuer bestimmte Aktivitaeten machen. Diese Technik wird inzwischen verbreitet angewendet. Sicher besteht die Moeglichkeit, dass Verfaelschungstendenzen das Ergebnis beeintraechtigen. In unseren Untersuchungen war es dabei weniger ein Problem, dass absichtliche Verfaelschungen auftraten, als dass unterschiedliche Auslegungen der Versuchsanleitung und unterschiedliche Genauigkeit bei der Durchfuehrung der Registrierungen auftraten, die die Beteiligten ja neben ihrer gewoehnlichen Berufstaetigkeit zu erfuellen hatten.

Einen gewissen Schutz gegen diese Effekte bietet eine intensive Vorbereitung der Erhebung, von der sorgfaeltigen Abstimmung auf die untersuchte Fragestellung, ueber das Design der Erhebungsmedien, bis zur ausfuehrlichen Verstaendigung ueber Sinn und Technik der Erhebung und zur Durchfuehrung von Probelaeufen.

Die Alternative, die Untersuchung durch Beobachter durchzufuehren, ist wesentlich kostenaufwendiger und von anderen Fehlerquellen behaftet, sodass dieser Methode nicht unbedingt der Vorzug vor der Selbstregistrierung geben werden kann. Wir selbst haben diese Technik wenig benutzt. Andere Untersucher haben jedoch festgestellt, dass der Ablauf gerade in Arztpraxen doch durch den Beobachter gestoert wird (10), sodass der zusaetzliche, erhebliche Aufwand keine proportionale Steigerung der Effektivitaet bedeutet. Er ist daher vor allem fuer stichprobenhafte Kontrolluntersuchungen zur Ergaenzung der durch Selbstregistrierung erfolgenden Erhebungen geeignet.

Eine andere relativ billige Methode sind die subjektive Techniken, bei denen von Beteiligten durch Interviews, mittels Fragebogen oder in Kombinationstechniken detaillierte Angaben zu speziellen Aspekten erfragt werden. Dabei wird die subjektive Einschaetzung eines untersuchten Sachverhaltes registriert. Der Vorteil dieser Techniken besteht darin, dass sie meist in kuerzerer Zeit durchzufuehren sind. Der erforderliche finanzielle Aufwand ist unter Umstaenden nicht einmal so unerheblich, wenn beispielsweise Interviewer eingesetzt werden sollen. Ein weiterer Nachteil besteht darin, dass die erfragten Daten leicht einer groesseren Verfaelschungstendenz unterliegen als die in Selbsterhebung erfassten. Auch hier spielen Probleme in der Auslegung der Versuchsanleitung und der Aufgaben und Fragen eine Rolle. Die groessere Fehlerquelle ist aber u.E. die Unkenntnis ueber die erfragten Sachverhalte. Fakten wie Zahl der in der Behandlung angewandten Alternativen, z.B. an Medikamenten, Haeufigkeit bestimmter Massnahmen, erforderlicher Zeitaufwand sind bei der eigenen Taetigkeit oft nur begrenzt gegenwaertig - was die Verhaeltnisse bei Mitarbeitern anbetrifft oft noch unsicherer. Selbst die Kosten fuer bestimmte Massnahmen koennen nur selten verlaesslich angegeben werden.

Einen Ausweg bietet hier die Befragung mittels der Delphitechnik, bei der die Ergebnisse der Befragung verschiedener Experten gepoolt und den Befragten dargestellt werden. Diese koennen dann ihre eigenen Angaben mit denen der Gruppe vergleichen. Bei Abweichungen besteht die Moeglichkeit, die eigene Ansicht oder die der Gruppe zu korrigieren und so einem Konsens ueber den wahren Sachverhalt naeher zu kommen.

Wir haben in Hannover sowohl die Techniken der Selbsterhebung als auch die der subjektiven Befragung und Delphitechnik mit gutem Erfolg eingesetzt. So konnten wir die Kuerze der Kontaktzeiten in der Allgemeinmedizin auf breiter Basis verifizieren, und nebenbei einen Anhalt ueber die Elastizitaet der Praxisorganisation gewinnen (11,12). Es zeigte sich beispielsweise, dass es moeglich ist, fuer den Einzelkontakt doppelt bis dreimal so viel Zeit (5-10 statt 2-3 Minuten) aufzuwenden, und dafuer die Haeufigkeit der Kontakte zu reduzieren (also 1-2 Besuche pro Quartal statt 3-4) (12). In einer anderen Untersuchung, an der 60 Prozent der Allgemeinpraxen in Niedersachsen freiwillig teilnahmen, konnten auf Grund von Angaben ueber Praxisorganisation, Taetigkeitsspektrum und -umfang acht

unterschiedliche Praxistypen nachgewiesen und in ihrer relativen Haeufigkeit charakterisiert werden (15, 16).
In einer Untersuchung unter Anwendung der Delphitechnik (18) konnte eine insgesamt positiv-realistische Erwartungshaltung der Aerzteschaft zur Computeranwendung in der Arztpraxis verifiziert werden, die guenstige Voraussetzungen fuer den Computereinsatz ausweist. Von der Euphorie vergangener Jahre, ebenso wie von undifferenzierter Abwehrhaltung, ist nur noch wenig zu spueren.

Insgesamt ist also ein breit gefaechertes Spektrum von Methoden verfuegbar, das den Erfordernissen der Ist-Zustandsanalyse in der ambulanten Medizin gerecht wird.

Ein weitgehend ungeloestes Problem stellt allerdings die Spezifikation von Systembeurteilungskriterien dar. Das Problem knuepft wieder an das anfangs behandelte Problem der Auswahl des Umsystems und und der Festlegung der globalen Zielsetzung an. Wer soll Nutzniesser sein? - Der Arzt, seine Mitarbeiter, der Patient, die Steuerzahler, die Arbeitgeber ... ? Selbst wenn aber ein Konsens ueber die Frage der Zielsetzung und damit der Nutzenerwartung vorausgesetzt wird, bestehen haeufig Schwierigkeiten in der Spezifikation eines geeigneten Nutzenkriteriums.

Eine Moeglichkeit besteht darin, leicht verfuegbare quantitative Kriterien festzusetzen, die etwas ueber die Wirkung des Versorgungssystems aussagen. Ein Beispiel waere die Senkung der Saeuglingssterblichkeit, der Unfall- oder der Infektionshaeufigkeit (20). Derartige mehr oder weniger arbitraer ausgewaehlte Parameter schliessen aber wieder die Gefahren der Suboptimierung ein.

Zur Beurteilung von Informationssystemen ist es moeglich, den Effekt durch Automatisation unterstuetzter Prozesse vollstaendiger zu spezifizieren, und zwar in Form von Einzelzielsetzungen die erreicht werden sollen. Damit wird die Gefahr der Suboptimierung - eine sinnvolle Spezifikation der Gesamtzielsetzung vorausgesetzt - vermindert.

Allerdings ist auch bei diesem Vorgehen noch nichts ueber den Preis, den das Erreichen der Zielsetzung wert sein soll, gesagt. Wird er einbezogen, kommen wir in das grosse Feld der Kosten-, Kosten-Nutzen-

und Kosten-Effektivitaets-Analyse, das in den letzten Jahren auch im Gesundheitswesen viel Beachtung erfahren hat (1, 2, 6, 19). Die Probleme, auf die diese Bemuehungen treffen, scheinen allerdings noch recht vielfaeltig und zum Teil grundsaetzlicher Art zu sein (1, 13). Insbesondere gelingt auch die Verbindung zwischen wirtschaftlichen und subjektiven Nutzenindikatoren noch kaum, sodass auf diesem Gebiet die Investition weiterer Bemuehungen sinnvoll sein duerfte.

Lassen Sie uns nun annehmen, dass die Systemanalyse weit genug fortgeschritten ist, d.h. dass der Systemzustand in genuegendem Detail bekannt ist, sodass insbesondere abschaetzbar ist, welche Maengel des existierenden Systems zu einer Modifikation Anlass geben sollten, und dass eine Entscheidung ueber anzuwendende Kriterien gefaellt ist. Unter diesen Voraussetzungen ist es moeglich, sich Gedanken zu machen, wie die Loesungen beschafffen sein koennten.

Dabei sind 2 Prinzipien vorrangig

- zunaechst sollten viele moegliche Loesungsalternativen in Erwaegung gezogen werden. Insbesondere kann eine Loesung ohne Computereinsatz vorzuziehen sein, und sollte daher nicht von der Betrachtung ausgeschlossen werden.
- Weiterhin sollte die Abschaetzung der Loesungsalternativen moeglichst vollstaendig und auf moeglichst billigen Weg erfolgen.

Diese Bewertung der Loesungsalternativen sollte daher wiederum stufenweise erfolgen, beginnend mit den billigsten Methoden. Die methodischen Alternativen sind in der Reihenfolge aufsteigender Kosten

- Expertenbefragung
- Modellsimulation
- Feldtest.

Bei der billigsten Methode, der Expertenbefragung, sind zunaechst vor allem die unterschiedlichen moeglichen Auswirkungen der diskutierten Systemalternativen zu beruecksichtigen und abzuschaetzen. Dadurch ist

es moeglich, auf Grund der subjektiven Erhebungen zunaechst den Kreis der Alternativen einzuengen, bzw. die diskutierten Alternativen so zu modifizieren, dass unerwuenschte Nebenwirkungen vermieden werden (10).
Die naechste Moeglichkeit ist die, einen begrenzten Feldtest durchzufuehren, oder eine Simulation zu versuchen. In der Systementwicklung in der ambulanten Versorgung wird bisher dem Feldtest eindeutig der Vorrang gegeben - und zwar international. Das mag an mangelndem Know-how in der Modellbildung oder mangelndem Vertrauen in die Zuverlaessigkeit der Modelle liegen. Auf jeden Fall sind mir so wenig Erfahrungen ueber die Simulation von Systemen der ambulanten Versorgung zugaenglich, dass mir auch ueber ihre Kosten im Vergleich zu begrenzten Feldtests keine Aussagen moeglich sind.
Der Feldtest, vor allem der groesseren Ausmasses, ist natuerlich die bei weitem die aufwendigste Form der Kontrolle in dieser Phase. Er setzt daher ein weitgehend ausgereiftes, in der Routine anwendbares System voraus. Dennoch kann auf ihn nicht verzichtet werden, da die anderen billigeren Methoden mit z.T. erheblichen Unsicherheiten behaftet sind.
Gerade wegen seiner hohen Kosten ist es wichtig, ihn sorgfaeltig vorzubereiten, zu planen und auszuwerten. Das schliesst in der ambulanten Versorgung in der Regel die Auswahl geeigneter Testpraxen ein, umfasst die Vorbereitung und Durchfuehrung einer Untersuchung der Effekte des Probelaufs, und beinhaltet schliesslich auch die Auswertung und Interpretation der Ergebnisse - nach Moeglichkeit wieder mit Einbeziehung der Experten unter den Anwendern.
Vor allem muss fuer diese letzte, entscheidendste Phase genuegend Zeit zur Verfuegung stehen, um Konsequenzen aus den Beobachtungen zu ziehen, und diese in nachfolgenden Systementwuerfen oder Systemmodifikationen zu beruecksichtigen (4). Hierbei ist zu beachten, dass bei medizinischen Versorgungssystemen lange Zykluszeiten von Implementierung bis zum Auftreten beurteilbarer Effekte typisch sind.

Je komplexer das betrachtete System und je umfassender seine Aufgabenstellung in der medizinischen Versorgung, um so eher muss mit Zykluszeiten in der Groessenordnung von Jahrzehnten und nicht von Jahren gerechnet werden. Viele Krankenhausinformationssysteme sind u.a. daran gescheitert, dass dieser Zeitaufwand unterschaetzt wurde. Wir sollten uns davor hueten, dass bei der jetzt aktuell werdenden Entwicklung von Informationssystemen fuer den niedergelassenen Arzt die gleichen Fehler wieder gemacht werden.

5. Schlussbetrachtung

Zusammenfassend ist festzustellen, dass unter wesentlichem Einfluss der Bemuehungen, Probleme der ambulanten Versorgung durch Computereinsatz zu loesen, eine differenzierte Systemforschungsmethode entsteht. Diese hat schon jetzt Ergebnisse gezeitigt, die auch ausserhalb der Medizischen Informatik Beachtung verdienen und z.T. auch finden.
Wir sind aber sowohl auf methodischem Gebiet, als auch was die Loesung wesentlicher Fragestellungen betrifft noch relativ weit davon entfernt, uns zufrieden geben zu koennen.
Auf methodischem Gebiet ist die Loesung der Probleme der Effizienzbeurteilung von zentraler Bedeutung. Auch vom Aufbau und der Erprobung von Modellen und Simulationstechniken sind wesentliche Impulse zu erwarten.
Was die Beantwortung anstehender Fragen betrifft, so sind die mit der Nutzenbewertung eng zusammenhaengenden Fragen des wahren Beduerfnisses an medizinischer Dienstleistung, deren Verhaeltnis zum apparenten Bedarf und dessen Beeinflussung durch alternative Gesundheitssysteme, sowie seiner Entsprechung durch alternative Dienstleistungen ungeklaert. In dieser Hinsicht ist auch von einem systematischen internationalen Vergleich existierender Gesundheitssysteme einiger Aufschluss zu erwarten.

Fuer den medizinischen Informatiker ist die Beziehung zwischen der Erfuellung der Dienstleistungsaufgabe und dem Beduerfnis an Informationsdienstleistung ungeklaert - mit allen Konsequenzen fuer den Aufbau von Informationssystemen.

Es tut sich also ein weites Feld an offenen Fragen und Problemen auf, deren Beantwortung auch zu den aktuellen Kontroversen um das Gesundheitswesen beitragen koennte.

REFERENZEN

1) Atsumi, K.:
Evaluation of Information Systems in a Health Care Environment.
In: Shires, D. B., Wolf, H. (Hrsg.): Medinfo '77.
(North Holland, New York - Amsterdam - Oxford: 1977)879 - 887

2) Barber, B., Abbott, W., Cundy, A.:
An Approach to the Evaluation of the Experimental Computer Programme in England.
In: Shires, D. B., Wolf, H.(Hrsg.): Medinfo '77
(North Holland, New York - Amsterdam - Oxford: 1977) 913 - 916

3) Bossmann, A.:
Praxis '72. Praxisanalyse der Kassenaerztlichen Vereinigung Niedersachsen.
(Kassenaerztliche Vereinigung Niedersachsen, Hannover: 1972)

4) Bossmann, A.:
Aerzte testen EDV-System.
Nieders. Aerztebl., Nr. 1, (1978) 17 - 20

5) Churchman, C. W.:
Einfuehrung in die Systemanalyse.
(Moderne Industrie, Muenchen:1968)

6) Flagle, C. D.:
Evaluation Techniques for Medical Information System.
Comp. Biomed. Res. 3 (1970) 407

7) Kapuste, H., Schuster, W., Sturm, E.:
Differenzierte Medizinische Ausbildung und Regionale Patientenversorgung als Aufgabe eines Medizinischen Fachbereichs.
Black Box, 1 (1972)

8) Kossow, K. D.:
Kostenexpansion und Kostendaempfungsgesetz.
Prakt. Arzt 15 (1977) 1327 - 1345

9) Lewetz, A.:
Erfahrung mit DV-Einsatz in einer radiologischen Praxis.
(Vortrag Systems '77 am 21 10. 1977 in Muenchen).

10) Massey, L. D. Jr., Whitehead, S. F.:
Measurement of Time Spent Educating Patients in a Physician's Office.
Report NO. 2796 (Bolt, Beranek and Newman Inc., Cambridge: 1974)

11) Moehr, J. R., Haehn, K. D. (Hrsg.):
Verdenstudie - Strukturanalyse Allgemeinmedizinischer Praxen.
(Zentralinstitut K V, Koeln: 1977)

12) Moehr. J. R.:
Das Spektrum Allgemeinaerztlicher Leistungen.
Nieders. Aerztebl. Nr. 1, (1977) 14 - 22
13) Moehr, Malte:
Einige Begriffe aus der Informationsoekonomie und Benutzerforschung.
Arbeitsbericht Nr. 3/77 des Projektes 'Wirtschaftlichkeit von Information und Dokumentation II'.
(Studiengruppe Fuer Systemforschung Heidelberg, Heidelberg: 1977)
14) Reichertz, P. L., Moehr, J. R., Holthoff, G., Filsinger, E.:
Struktur und Funktion der Allgemeinmedizinischen Praxis.
Ergebnisse einer Analyse zur Untersuchung der Grundlagen fuer Computerunterstuetzung der Allgemeinmedizineschen Praxis.
(Zentralinstitut K V, Koeln: 1976)
15) Reichertz, P. L., Moehr, J. R., v. Gaertner - Holthoff, G., Schwarz, B.:
Structural Analysis of General Practices in Lower Saxony.
Vortrag auf der 'First World Conferens on Mathematics at the Service of Man', Barcelona, 11. - 16. 7. 1977.
(Veroeffentlichung in Vorbereitung, Manuskripte verfuegbar.)
16) Reichertz, P. L., v. Gaertner - Holthoff, G., Moehr, J. R., Schwarz, B.:
Strukturanalyse der Allgemeinmedizinischen Praxis - Studie Niedersachsen 1977.
(Zentralinstitut K V, Koeln: im Druck).
17) Romer, C. J.:
Les Differentes Systemes de Sante en Europe.
In: Coblentz, A. N., Walter, J. R. (Hrsg.): Systems Science in Health care.
(Taylor and Francis,London:1977) 15 - 23
18) Schwarz, B., Reichertz, P. L., Moehr, J. R.:
An Analysis of Motivation Concerning EDP Implementation in General Practice.
In: Shires, D. B., Wolf, H., (Hrsg.): Medinfo '77.
(North Holland, New York - Amsterdam - Oxford: 1977) 967 - 971
19) Undall, B., Kogeus, K., Lindeloew, B., Mansson, G., Peterson, H., Pettersson, L.:
Simplified Methods for Evaluation of Health Care Information Systems Currently Used by Stockholm County.
In: Shires, B. D., Wolf, H. (Hrsg.): Medinfo '77.
(North Holland, New York - Amsterdam - Oxford: 1977) 917 - 921
20) Vallbona, C., Beggs - Baker, S., Baker, R. L.:
Information Systems in Ambulatory Care.
In: Reichertz, P. L., Goos, G. (Hrsg.):
Informatics and Medicine - An Advanced Course.
(Springer, New York - Heidelberg: 1977) 157 - 186

K. HANSEN
Betriebswirtschaftliches Institut, 8500 Nürnberg, Lange Gasse 20

Krankenhaussystemanalyse zur medizinisch-ökonomischen Entscheidungsvorbereitung

1. Problemstellung

Ein Krankenhausinformations- und Planungssystem kann nur dann als Entscheidungshilfe für ökonomische Ziele dienen, wenn aus der medizinisch-technischen Systemanalyse des Krankenhauses Bedarfspläne für Produktionsfaktoren (Arbeitskräfte, Anlagen, Material) abgeleitet werden, die mit Kosten bewertet werden können. Sinnvoll sind Systemanalysen nur dann, wenn es zur Erreichung definierter medizinischer Ziele mehrere Alternativen gibt, unter denen die ökonomisch günstigste auszuwählen ist. Falls durch begrenzte Mittel die ökonomischen Bedingungen gegeben sind, ist diejenige Alternative zu verfolgen, die die angestrebten medizinischen Ziele optimal realisiert. Damit ergibt sich eine zweidimensionale Zielverfolgung (vgl. dazu und zum Folgenden Meyer, S.627). Eine der Komponenten sind die Kosten der vorzuhaltenden Kapazität für die medizinische Leistungserstellung, die andere der Nutzen, den man als Patient hat, nach bestimmten medizinischen Standards behandelt werden zu können bzw. als Komplement davon, das Risiko, daß ein notwendiger medizinischer Bedarf nicht gedeckt werden kann. Dieses Patientenrisiko kann durch verschiedene problemspezifische Wahrscheinlichkeiten ausgedrückt werden, so z.B. als Wahrscheinlichkeit, im Krankheitsfall in der Klinik seiner Wahl nicht aufgenommen zu werden oder bestimmte medizinisch erforderliche Leistungen gar nicht bzw. nicht in angemessenem Umfang zu erhalten. Dieser Zusammenhang zwischen Kosten und Risiko läßt sich allgemein durch eine einfache charakteristische Funktion beschreiben (Abb. 1).

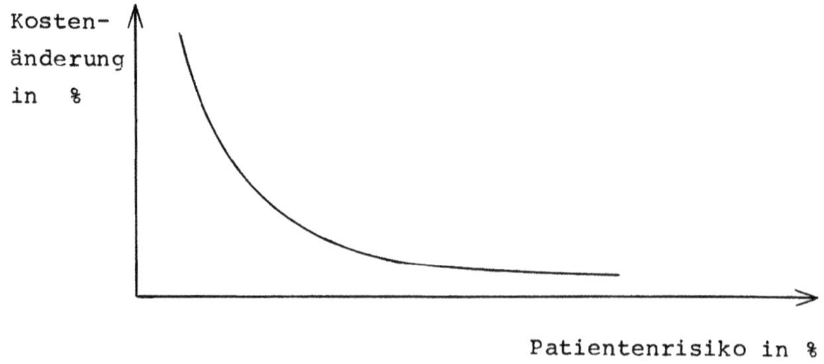

Abb. 1

Wird mehr medizinische Leistung bereitgestellt, so ist dies gleichzeitig mit einer Erhöhung der Kosten verbunden. Daraus folgt als quantifizierbares, operationales Ziel für den Bereich medizinisch-ökonomischer Planungsmodelle im Gesundheitswesen:

1) Minimierung des Patientenrisikos bei einem vorgegebenen Kostenbudget oder
2) Minimierung der Kosten bei vorgegebenem Patientenrisiko.

Welche Kosten-Risiko-Kombination gewählt werden soll, ist ausschließlich eine politische Entscheidung, die auch andere, ebenfalls um knappe finanzielle Mittel konkurrierende Vorhaben zu berücksichtigen hat.

2. Entwurf eines formalen Modells

Ein Krankenhaus kann allgemein als ein dynamisches Input-Output-System beschrieben werden, das auf Impulse seiner Umwelt in vorhersehbarer Weise reagiert, sofern die Strukturelemente im Zeitablauf konstant bleiben oder, falls Strukturbrüche auftreten, diese hinreichend genau genug prognostiziert werden können. Strukturbrüche durch exogene Größen treten im Krankenhausbereich selten auf bzw. vollziehen sich so langsam, daß sie relativ genau vorhersagbar sind, wie man z.B. aus der Fortschreibung regionaler Morbiditätsstatistiken entnehmen kann.
Strukturbrüche sind im wesentlichen auf strategische Entscheidungen zurückzuführen, die eine Krankenhausregion oder das Krankenhaus selbst betreffen. Es sind somit definierte endogene Veränderungen, die kein Prognoseproblem darstellen.

Nicht nur die Beziehungen eines Krankenhauses zur Umwelt kann durch das allgemeine Input-Output-Konzept wiedergegeben werden, sondern in formal gleicher Weise die Relationen der Systemelemente innerhalb eines Krankenhauses. Abbildung 2 ist eine solche Darstellung, die die Struktur der Systembeziehungen zwischen den Abteilungen sowie zur Region eines 420-Bettenkrankenhauses der Grundversorgung grafisch wiedergibt. Die Pfeile symbolisieren Patientenströme. Abbildung 3 enthält die Strukturmatrix desselben Krankenhauses. Die Elemente dieser Matrix beschreiben die Input-Output-Ströme mit Hilfe empirisch erhobener Übergangsverteilungen. In Abbildung 4 sind beispielhaft drei solcher Übergangsverteilungen dargestellt. Diese Verteilungen ergeben sich einerseits aus der zufallsabhängigen und disponierbaren Nachfrage nach Krankenhausleistungen sowie aus der für das Krankenhaus selbst festgelegten Behandlungsbreite und Behandlungstiefe.

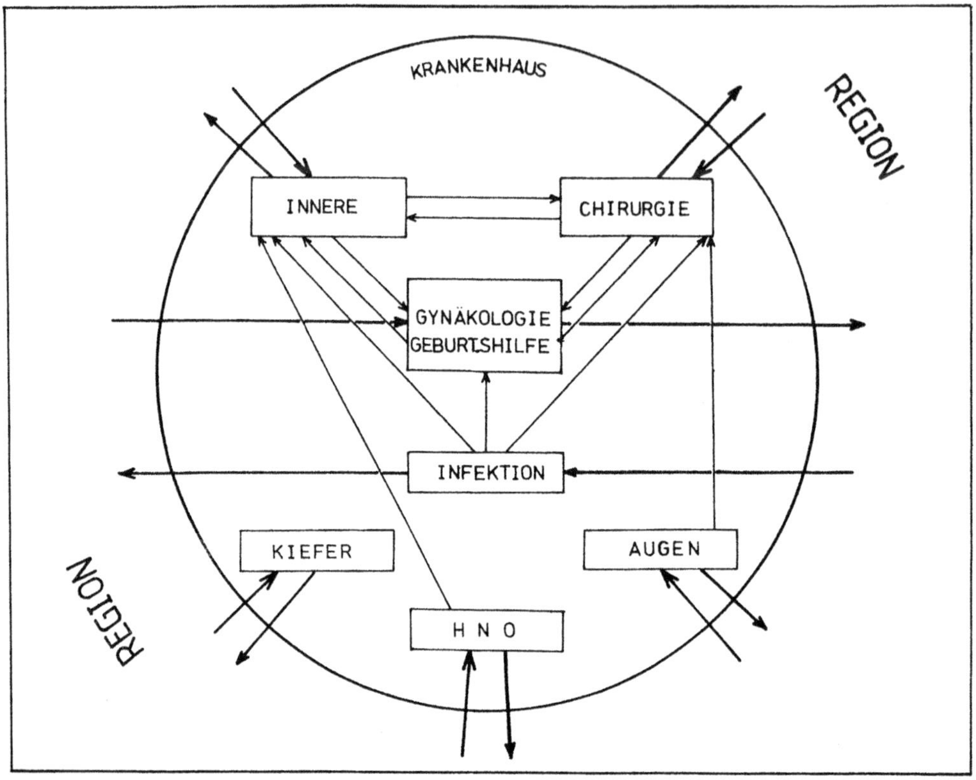

Abb. 2

	Region 1	Innere 2	Chiru. 3	Gynäk. 4	Infek. 5	Augen 6	HNO 7	Kiefer 8
Region 1	c_{11}	c_{12}	c_{13}	c_{14}	c_{15}	c_{16}	c_{17}	c_{18}
Innere 2	c_{21}	c_{22}	c_{23}	c_{24}	O	O	O	O
Chirurgie 3	c_{31}	c_{32}	c_{33}	c_{34}	c_{35}	O	O	O
Gynäkologie 4	c_{41}	c_{42}	c_{43}	c_{44}	c_{45}	O	O	O
Infektion 5	c_{51}	O	O	O	c_{55}	O	O	O
Augen 6	c_{61}	O	O	O	c_{65}	c_{66}	O	O
HNO 7	c_{71}	O	O	O	c_{75}	O	c_{77}	O
Kiefer 8	c_{81}	O	O	O	c_{85}	O	O	c_{88}

Abb. 3

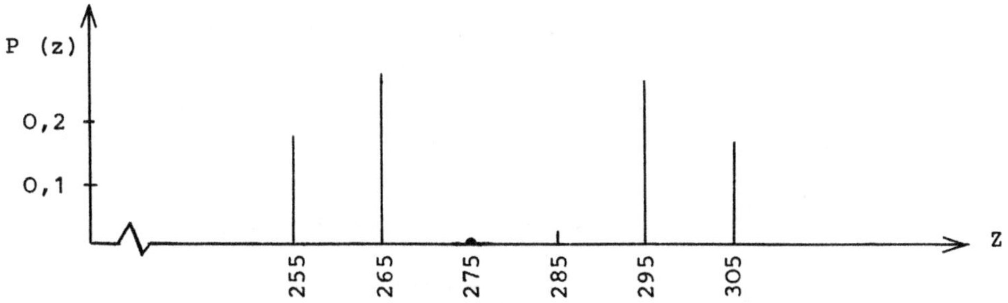

ÜBERGANGSVERTEILUNG : REGION - INNERE

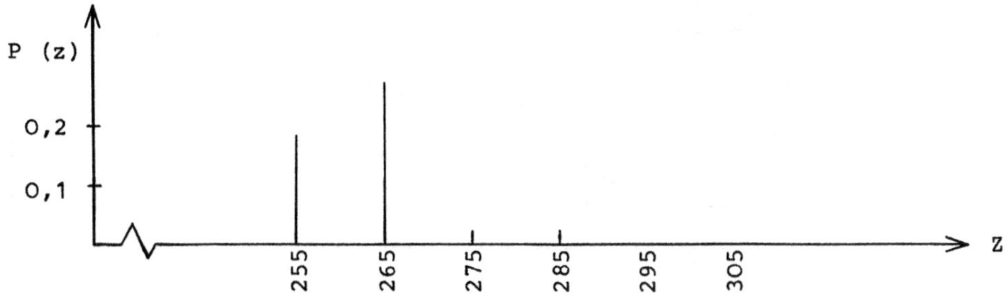

ÜBERGANGSVERTEILUNG : REGION - CHIRURGIE

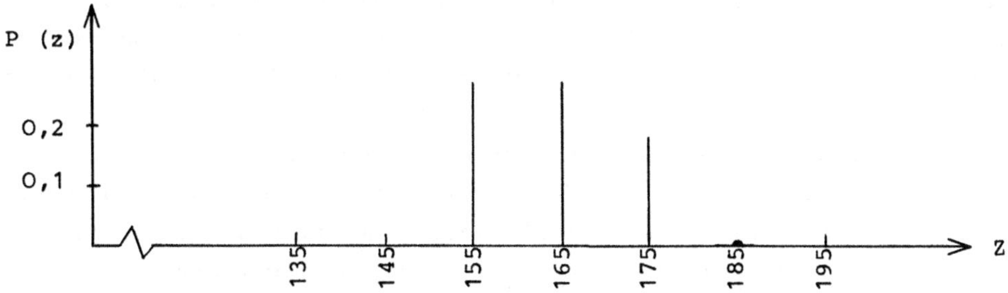

ÜBERGANGSVERTEILUNG : REGION - GYNÄKOLOGIE

Abb. 4

Ziel der Analyse ist es, das Gesamtsystemverhalten in Abhängigkeit von Entscheidungen und ihren Wirkungen auf Kosten und Patientenrisiko als Funktion der Zeit zu betrachten. Dazu muß das Systemverhalten in einzelne Perioden zerlegt werden, in denen die Veränderungen der charakteristischen Merkmale bestimmter definierter Zustände berechnet werden. Die in Abbildung 2 dargestellten Patientenströme lösen in den Subsystemen des Krankenhauses wiederum zeitabhängige Ströme aus.

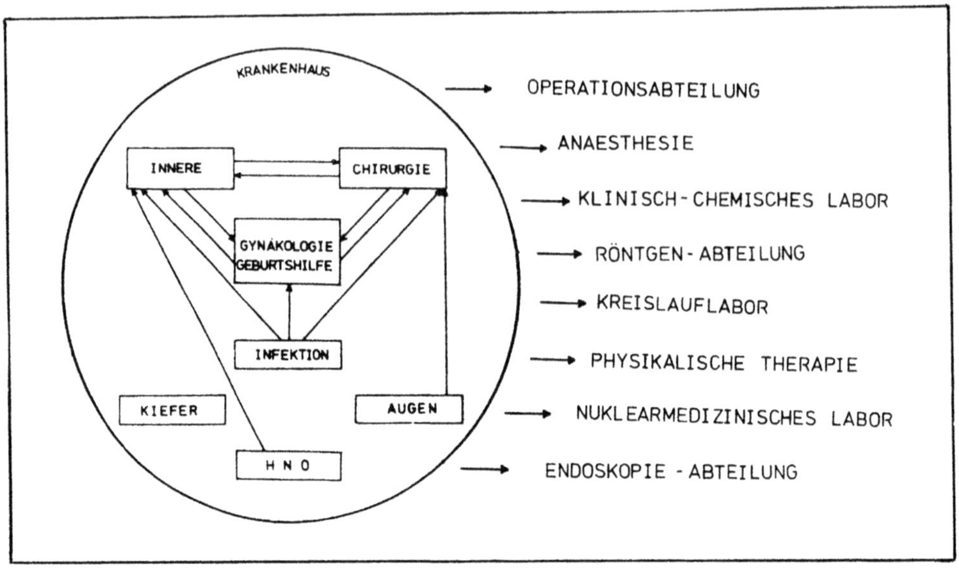

Abb. 5

Diese Interdependenzen bzw. Interaktivitäten sind in Abbildung 5 dargestellt. Sie sollen beispielhaft für ein typisches Subsystem, der Röntgenabteilung, näher erläutert werden (Abb. 6). Der in die Röntgenstation eintreffende Patientenstrom ist primär eine Funktion der in das Krankenhaus und zwischen den Abteilungen fließenden Patientenströme. Zusätzlich wird er durch Strategien so geregelt, daß einerseits die Bedienungsstationen Röntgenräume während der Arbeitszeit möglichst nie leer sind, sowie andererseits die Kapazitäten der Warteräume vor den Bedienungsstationen nicht überschritten werden. Dies kann weitgehend dadurch erreicht werden, daß der Patientenfluß immer dann neu angestoßen wird, wenn eine bestimmte minimale Wartezeit vor den Bedienungsstationen erreicht ist. Die Verteilung der Patienten auf die Röntgenräume ist abhängig von der Untersuchungsart. Dadurch bildet sich vor jedem der sechs Bedienungskanäle je eine unabhängige Warteschlange. Nach beendeter Untersuchung werden die belichteten Filme zur Dunkelkammer

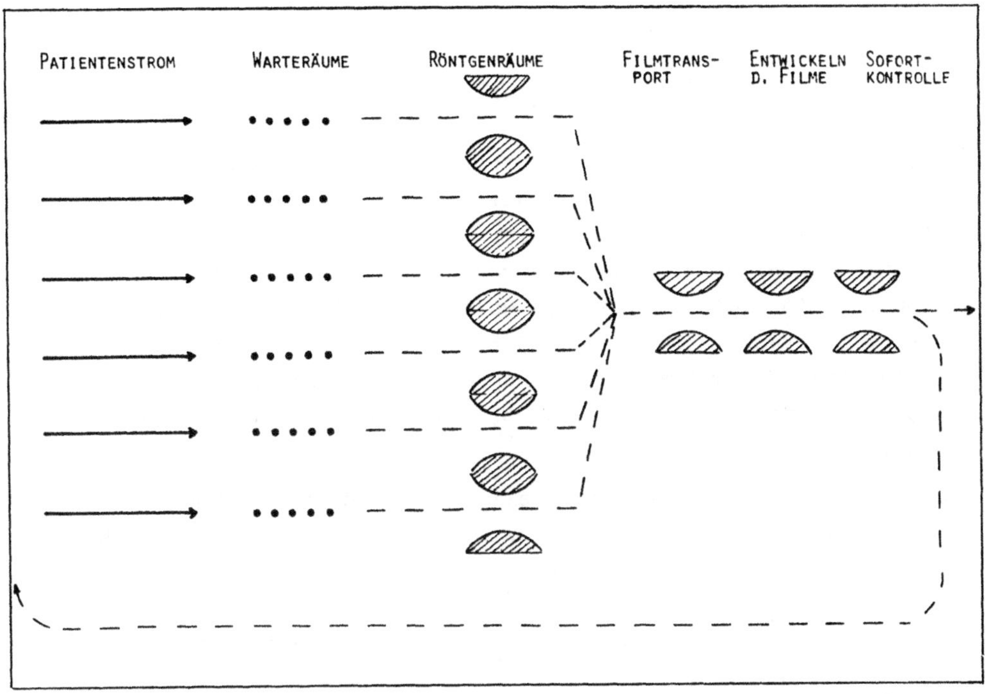

Abb. 6

transportiert, in der eine halbautomatische Entwicklungsmaschine steht. Die entwickelten Aufnahmen durchlaufen eine Sofortkontrolle, damit bei Fehlaufnahmen der Röntgenvorgang wiederholt werden kann. Entsprechen die Aufnahmen bestimmten Qualitätsanforderungen, verläßt der Patient die Röntgenabteilung.

Ablaufprobleme so komplexer Strukturen, wie sie an dem beschriebenen Krankenhausgesamtmodell aufgezeigt worden sind, werden in der Regel mit Simulationsmodellen gelöst. Hier soll ein analytischer Lösungsweg gewählt werden, da Simulationen nicht immer zu befriedigenden Ergebnissen führen. Denn für Systemsimulationen ist die Frage der Auslegung und Bemessung der einzelnen Simulationsexperimente noch unzureichend gelöst. Das gilt insbesondere für das Problem, welche Zahl von simulierten Zeitperioden oder welche Zahl von Wiederholungen mit unterschiedlichen Zufallszahlen innerhalb einer Faktorkombination gewählt werden sollen.
In der Regel wird die Anzahl der Simulationsläufe (Stichprobenumfang) bestimmt durch:

$$n \geq \frac{1}{\frac{(\bar{x} - \rho)^2}{\lambda^2_{p\%}\, s^2} + \frac{1}{N}}$$

$\bar{x}$ ist Mittelwert über alle Realisationen, ρ ist der wahre Mittelwert, N ist der Umfang der Grundgesamtheit und p% die Wahrscheinlichkeit des Vertraunsintervalls. Die noch nicht bekannte Standardabweichung s muß aus zahlreichen, häufig langwierigen Probeläufen ermittelt werden, die um so umfangreicher sind, je gestörter und ausgeprägter das stochastische Verhalten des abgebildeten Prozeßablaufes ist. Beides ist aber für Abläufe im Krankenhaus und dessen Leistungsstellen typisch, so daß hier die Systemsimulation als Planungsinstrument ungeeignet erscheint.

Die numerische Behandlung der diskreten Zustandsübergänge erfolgt mit Hilfe endlicher nicht homogener Markovketten, die durch zeitabhängige Parameter gesteuert werden können.
Es sei

$C_{lm}^{(N)}$ Übergangsverteilung vom Zustand l in den Zustand m zum Zeitpunkt N

dann beschreibt

$$C_{ik}^{(N+1)} = \sum C_{ik} * C_{jk}$$

die Realisation in den Zustand N+1, wobei * das Faltungssymbol für diskrete Verteilungen darstellt.

3. Ableitung einer Lösung mit Hilfe historischer Daten

Die Durchführung der Systemrechnung erfolgte auf einer Rechenanlage TR 440 (Dreifachprozessor). Die Rechenzeit für die Prozeßdauer '1 Jahr Realzeit' erfordert etwa 60 sec. CPU-Zeit. Das ist gemessen an der Komplexität des dargestellten Systems gering.

Wie weit das reale System vom mathematischen Modell in seinen relationalen und operationalen Beziehungen isomorph wiedergegeben wird, soll anhand historischer Daten verifiziert werden. Bevor jedoch mit Hilfe des Modells Ergebnisse abgeleitet werden können, muß das Entscheidungsfeld bzw. müssen die Eingabeparameter festgelegt werden, die die speziellen Aspekte der Problemstellung kennzeichnen. Im Folgenden werden nur die wichtigsten Entscheidungsparameter des Gesamtmodells aufgezeigt und diskutiert. Ziel- und Planungsentscheidungen von Subsystemen bleiben dabei unberücksichtigt.

1) Notfallkapazität

Als Notfälle werden die Patienten bezeichnet, die einer sofortigen stationären Behandlung bedürfen. Für sie muß stets ausreichend Kapazität zur Verfügung stehen. Ausreichend heißt in einem stochastischen System, daß ein Notfallpatient mit einer bestimmten Wahrscheinlichkeit freie Kapazität vorfindet. Diese Kapazität kann im Modell durch Parameterwahl vorgegeben werden.

2) Verweildauer

Verweildauern sind bei gegebenem Krankheitsbild primär abhängig von den medizinischen Behandlungs- und Pflegemethoden. Verkürzungen können sich nur ergeben durch medizinischen Fortschritt, es sei denn, man hat die Patienten über das ärztliche, pflegerische Maß hinaus im Krankenhaus behalten. Nun hat die Bedeutung der Anzahl der Pflegetage für die Erlössituation von Krankenhäusern dazu geführt, die Verweildauern so zu strecken, daß eine Kostenunterdeckung möglichst vermieden wird. Dieser Zeitanteil der Verweildauer ist eine rein dispositive Maßnahme eines Krankenhauses, die bei dem geltenden Preisrecht der Verweildauer eine zentrale Stelle innerhalb der Entscheidungsparameter einräumt.

3) Aufnahmeplanung

Die Belegung kann über eine Aufnahmeplanung mit Hilfe der Patientenströme in die jeweiligen Abteilungen gesteuert werden. Zu welchem Aufnahmetermin ein zeitlich einplanbarer einzelner Patient mit einer gegebenen Aufnahmediagnose einzubestellen ist (vgl. dazu Schläger, S. 84 f.), wird auf der Planungsebene der Stationen festgelegt, ist damit Aufgabe eines Subsystems und soll hier nicht näher erörtert werden. Planungsprobleme, die sich ergeben aus saisonalen Schwankungen innerhalb eines Jahres oder in Abhängigkeit von Wochentagen, müssen über das Hauptsystem (Abb. 2) berücksichtigt werden. Im untersuchten Fall konnten deutliche monatliche Schwankungen nachgewiesen werden. Ebenso unterschieden sich die Anzahl der Aufnahmen an den einzelnen Wochentagen. Das gilt natürlich besonders für Samstag und Sonntag im Vergleich zu den übrigen Tagen der Woche. Die stochastische Bedeutung dieser Abweichungen ist gering, da der Zugangsstrom der Nichtnotfallpatienten deterministisch, in Abhängigkeit vom Systemzustand, geregelt werden kann. Die Planungsaufgabe 'Patientenaufnahme pro Station und Zeiteinheit' ist für das Gesamtkrankenhaus von erheblicher Bedeutung, weil damit der Input in ein komplexes System von Leistungsstellen gesteuert wird.

4) Patientenverlegungen zwischen den Abteilungen

Verlegungen innerhalb des Krankenhauses sind in dem von uns untersuchten Krankenhaus der Grundversorgung gering. Testrechnungen haben aber gezeigt, daß ihre Vernachlässigung zu Fehlern bis zu 20% führen kann. Sie mußten auch berücksichtigt werden, um das Modell z.B. problemlos auch auf Universitätskliniken übertragen zu können, in denen die Patientenströme zwischen den Fachabteilungen erheblich sind.

5) Struktur und Organisation der medizinischen und pflegerischen Versorgung

Die für den Pflegedienst erforderlichen Planstellen werden im Modell in Anlehnung an die Richtwerte der Deutschen Krankenhausgesellschaft ermittelt (vgl. dazu Deutsche Krankenhausgesellschaft, S. 2 f.).

Der mittel- und langfristige Einsatzplan des Pflegepersonals auf den einzelnen Abteilungen kann im Modell durch entsprechende Parameterwahl vorsehen, daß ein Teil (Pool) der Pfleger und Schwestern kurzfristig auf solche Stationen umdisponiert werden, wo der Arbeitsanfall besonders hoch oder Personal durch Krankheit oder Urlaub ausgefallen ist. Ein solches Verfahren sorgt für eine weitgehend gleichmäßige Kapazitätsauslastung und bedingt insgesamt, daß für das Krankenhaus weniger Pflegepersonal benötigt wird. Über eine weitere Parametereinstellung kann gewählt werden, ob die pflegerischen Versorgungsdienste zentral (optimale Organisation) oder dezentral erfolgen sollen.

Um im Modell auch Abweichungen von den DKG-Anhaltszahlen für den Personaleinsatz realisieren zu können, ist es möglich, die Intensität sowohl der ärztlichen Behandlung als auch der Pflege beliebig zu verändern. Als Behandlungs- bzw. Pflegeintensität wird die mittlere Anzahl der Arbeitsminuten des Arztes bzw. der Pflegekraft pro Patient zugrunde gelegt.

6) Krankenhauseinzugsgebiet

Die Größe eines Krankenhauseinzugsgebietes muß als variabel betrachtet werden. Sie ist einerseits abhängig vom tatsächlichen oder vermeintlichen Leistungsniveau des Krankenhauses zum relativen Leistungsniveau der umliegenden Krankenhäuser. Am Rande des Einzugsgebietes des von uns untersuchten Krankenhauses wird ein 'konkurrierendes' Krankenhaus durch Neuerstellung seiner Gebäude erheblich an Attraktivität gewinnen. Mit Hilfe einer sensitiven Untersuchung der globalen Größe 'Einzugsgebiet' können mögliche Auswirkungen dieses Neubaus auf das Krankenhaus insgesamt und z.B. auch auf die Auslastung einzelner Leistungsstellen analysiert werden.

Bevor Entscheidungsalternativen untersucht werden können, muß das Modell aus dem Zustand 'Null'[1)] in den Zustand versetzt werden, in dem sich das reale Krankenhaus während des Untersuchungszeitpunktes befindet. Das kann einerseits dadurch geschehen, daß man in das Modell geeignete Vorgabewerte einführt oder - und so soll hier verfahren werden - , daß man durch die systemeigene dynamische Verhaltensweise das Modell schrittweise in den Zustand iteriert, in welchem es sein Gleichgewicht erreicht. In der Theorie der Warteschlangen bezeichnet man die Zeit bis zum Erreichen des Gleichgewichtszustandes als Einschwingphase. Gelingt bei der mathematischen Abbildung der Realität eine weitgehende Isomorphie zum Modell, dann müssen die Ergebnisse des Gleichgewichtszustandes mit den empirisch gemessenen Werten auch weitgehend übereinstimmen. Tabelle 1 enthält beispielsweise einen solchen Vergleich (Verifikation) für die mittlere Anzahl belegter Betten. Kriterium bei der Verifikation des Modells war der möglichst genaue Nachvollzug des Krankenhausbetriebsgeschehens mit den Parametern des Jahres 1977.

Stationen	Istdaten	Modelldaten	Abweichungen in %
Innere	171,6	175,4	+ 2,2
Chirurgie	161,4	161,4	0
Gynäkologie	62,5	59,8	- 4,3
Infektion	0,3	0,3	0
Augen	0,2	0,2	0
HNO	2,4	4,3	+ 79,2
Kiefer	0,3	0,3	0

Tab. 1

---

1) Als'Null' sei der Systemzustand definiert, in welchem sich keine (Null) Patienten im Krankenhaus befinden und die aktuellen Parameter gesetzt sind.

Die Differenzen von Istwerten und Modelldaten sind gering. Das gilt auch für die zunächst hoch erscheinende Abweichung der Belegzahlen in der HNO-Abteilung. Berücksichtigt man indessen die Absolutwerte, dann liegt auch hier die Abweichung innerhalb zufälliger Schwankungen. In Tabelle 2 ist die gesamte Einschwingphase wiedergegeben. Ihr entnimmt man, daß diese Phase ca. 24 Wochen beträgt. Diese Zeit ist ein Maß für die Reaktionsdauer, das angibt, wie lange das System braucht, um aus einem stark gestörten Zustand wieder in den Gleichgewichtszustand zurückzuschwingen.

ZEITABLAUF GEMESSEN IN WOCHEN	BETTENBELEGUNG 1)						
	INNER.	CHIRU.	GYNAE.	INFEK.	ALGEN	HNO	KIEFER
1	61.5	64.6	35.3	0.3	0.2	4.3	0.1
2	102.1	103.3	49.6	0.3	0.2	4.3	0.2
3	128.4	126.6	55.4	0.3	0.2	4.3	0.2
4	145.4	140.5	57.8	0.3	0.2	4.3	0.2
5	156.3	148.8	58.9	0.3	0.2	4.3	0.2
6	163.2	153.8	59.3	0.3	0.2	4.3	0.2
7	167.6	156.8	59.5	0.3	0.2	4.3	0.3
8	170.5	158.6	59.6	0.3	0.2	4.3	0.3
9	172.3	159.7	59.7	0.3	0.2	4.3	0.3
10	173.4	160.4	59.7	0.3	0.2	4.3	0.3
11	174.1	160.8	59.7	0.3	0.2	4.3	0.3
12	174.6	161.1	59.8	0.3	0.2	4.3	0.3
13	174.9	161.2	59.8	0.3	0.2	4.3	0.3
14	175.0	161.3	59.8	0.3	0.2	4.3	0.3
15	175.2	161.4	59.8	0.3	0.2	4.3	0.3
16	175.2	161.4	59.8	0.3	0.2	4.3	0.3
17	175.3	161.4	59.8	0.3	0.2	4.3	0.3
18	175.3	161.4	59.8	0.3	0.2	4.3	0.3
19	175.3	161.4	59.8	0.3	0.2	4.3	0.3
20	175.3	161.4	59.8	0.3	0.2	4.3	0.3
21	175.4	161.4	59.8	0.3	0.2	4.3	0.3
22	175.4	161.4	59.8	0.3	0.2	4.3	0.3
23	175.4	161.4	59.8	0.3	0.2	4.3	0.3
24	175.4	161.4	59.8	0.3	0.2	4.3	0.3

1)MITTELW.

Tab. 2

4. Einsatz des Modells zur Lösung realer Entscheidungsprobleme

Bis jetzt wurden die Beziehungsverknüpfungen und die Ablaufbedingungen im Modell mit dem Ziel konstruiert, eine möglichst genaue Systemanalyse des betrachteten Krankenhauses zu erhalten. Es wurde ausschließlich nach den bekannten, bzw. empirisch deduzierbaren Verhalten und Zusammenwirken der Systemkomponenten gefragt. Im Folgenden sollen anhand des Modells mit Hilfe eines EDV-gestützten Dialogprogrammes andere Alternativen durchgerechnet und deren Ergebnisse diskutiert werden.

Die Tabellen 3 - 7 enthalten einen Ausschnitt aus dem Entscheidungsfeld, wie es vom Dialogsystem über den Bildschirm zur Eingabe neuer Parameter für Alternativrechnungen generiert wird.

AUFNAHMEN(PATIENTEN/MONAT)

ABTEILUNG	INNER.	CHIRU.	GYNAE.	INFEK.	AUGEN	HNO	KIEFER
ISTWERTE	268	281	154	1	0.7	19	0,5
PLANWERTE	268.0	281.0	154.0	1.0	0.7	19.0	0.5

Tab. 3

VERWEILDAUERN (IN TAGEN)

ABTEILUNG	INNER.	CHIRU.	GYNAE.	INFEK.	AUGEN	HNO	KIEFER
ISTWERTE	18.5	16.5	11.5	7.5	5.5	4.0	14.3
PLANWERTE	16.5	14.5	9.5	6.5	5.5	4.0	1.3

Tab. 4

PROZENTUALE VERAENDERUNG DER ANZAHL DER VERLEGUNGEN ZWISCHEN DEN ABTEILUNGEN

VON/NACH	INNER.	CHIRU.	GYNAE.	INFEK.	AUGEN	HNO	KIEFER
INNER.	----	5.0	1.5	----	----	----	----
CHIRU.	4.0	----	3.0	----	----	----	----
GYNAE.	6.0	8.0	----	----	----	----	----
INFEK.	2.5	7.0	8.5	----	----	----	----
AUGEN	----	10.0	----	----	----	----	----
HNO	4.0	----	----	----	----	----	----
KIEFER	----	----	----	----	----	----	----

Tab. 5

EINGABEPARAMETER ZUR STRUKTUR UND ORGANISATION DER MED. UND PFLEG. VERSORGUNG	
DEZENTRALER/ZENTRALER DIENST(0/1)	1
PERS.POOLUNG IM PFLEGEBEREICH(0/1)	1
BEHANDL.-INTENSIT.-AENDERUNG(%)	0
PFLEGEINTENSITAETSAENDERUNG(%)	0

Tab. 6

KRANKENHAUSEINZUGSGEBIET		
ISTWERTE	60000	EINWOHNER
PLANWERT	60000	EINWOHNER

Tab. 7

Als Istwerte werden die aktuellen Parameter bezeichnet. Als Planwerte sind im Dialogablauf die neuen Eingabewerte der Parameter einzugeben. Die Ergebnisse, z.B. die Anzahl belegter Betten oder der Personalbedarf bzw. Kostengrößen, können als Mittelwerte oder als 'p%-Fraktile' ausgegeben werden (vgl. Tab. 8-9).

ZEITABLAUF GEMESSEN IN WOCHEN	BETTENBELEGUNG 1)						
	INNER.	CHIRU.	GYNAE.	INFEK.	ALGEN	HNO	KIEFER
26	181.0	159.6	60.5	0.7	0.4	7.9	0.7
27	177.8	156.8	59.8	0.7	0.4	7.9	0.8
28	176.0	155.2	59.6	0.7	0.4	7.9	0.8
29	174.8	154.4	59.6	0.7	0.4	7.9	0.8
30	174.2	153.9	59.5	0.7	0.4	7.9	0.8
31	173.8	153.7	59.5	0.7	0.4	7.9	0.8
32	173.6	153.5	59.5	0.7	0.4	7.9	0.8
33	173.4	153.5	59.5	0.7	0.4	7.9	0.8
34	173.3	153.4	59.5	0.7	0.4	7.9	0.8
35	173.3	153.4	59.5	0.7	0.4	7.9	0.8

1) 80.00 %FRAKT.

Tab. 8

ZEITABLAUF IN WOCHEN GEMESSEN	PERSONALBEDARF 1) AERZTE	PERSONALBEDARF 1) PFLEGEPERSONAL
26	37.0	140.0
27	36.0	137.0
28	36.0	136.0
29	36.0	135.0
30	36.0	135.0
31	36.0	135.0
32	36.0	135.0
33	36.0	135.0
34	36.0	135.0
35	36.0	135.0

1) 80.00 %FRAKT.

Tab. 9

Mit Hilfe eines Dateiensystems, das alle Stammdaten sämtlicher medizinischer Leistungen des untersuchten Krankenhauses einschließlich der aktuellen Kostensätze enthält, können für Kostenstellen und Kostenarten die in Abschnitt 1 diskutierten Kostenrisikokombinationen erstellt werden. Das ist für drei Alternativen des Personalbereichs Pflege in Abbildung 7 und des Personalbereichs Ärzte in Abbildung 8 wiedergegeben.

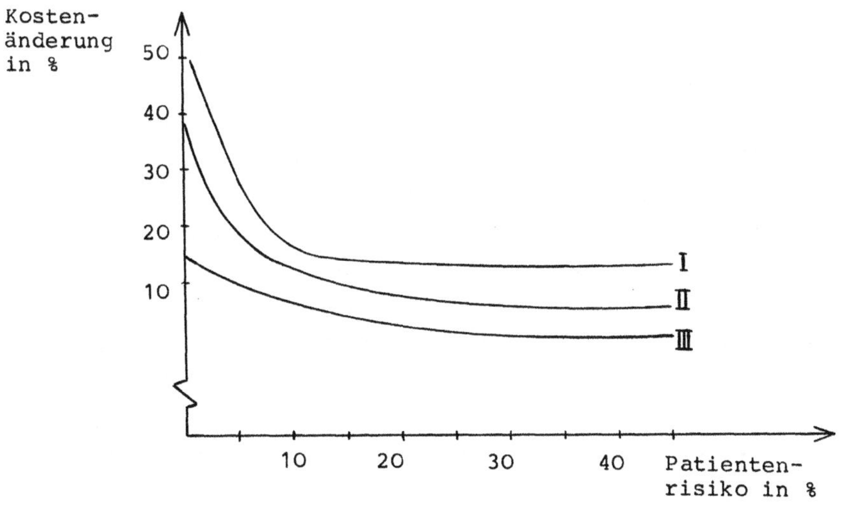

Abb. 7

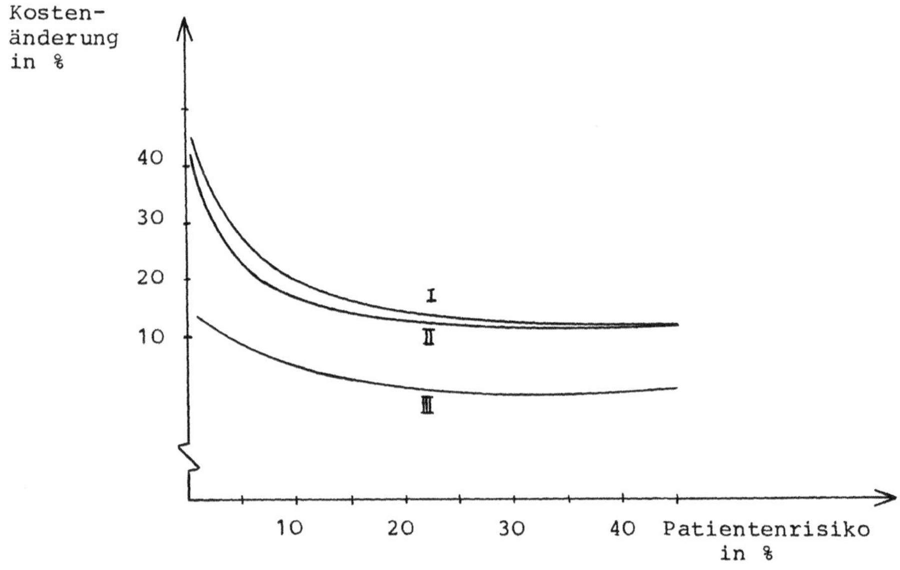

Abb. 8

Als Risiko ist darin die Wahrscheinlichkeit definiert, daß ein Patient, für den aufgrund des diagnostizierten Krankheitsbildes eine stationäre Behandlung erforderlich ist, nicht zu den im Krankenhaus geltenden Standards versorgt werden kann; d.h. er wird nicht aufgenommen oder in ein Notbett eingewiesen. Letzteres führt zu Überbelegung des Krankenhauses mit der Folge, daß die mittlere Behandlungs- und Pflegeintensität pro Patient sinkt. In den Abbildungen 7 und 8 ist I die Kurve, in der keine Änderung der aktuellen Parameter vorgenommen wurde und außerdem eine dezentrale Versorgung unterstellt wird; II enthält die gleichen Bedingungen, allerdings bei zentraler Versorgung und Poolung des Pflegepersonals; in III wurde darüber hinaus angenommen, daß ein Patient, der nach medizinischer Indikation am Samstag oder Sonntag entlassen werden könnte, aus verwaltungstechnischen Gründen nicht erst am kommenden Montag, sondern bereits am Freitag entlassen wird. Die letzte Alternative liefert die stabilste Lösung. Sie erfordert auch für eine extrem hohe Leistungsbereitschaft relativ geringe Kosten. Neben Kosten und Risiko ist somit die Stabilität ein weiteres Kriterium zum Auffinden einer sinnvollen Handlungsalternative.

<u>Literatur:</u>

Adam, D., Krankenhausmanagement im Konfliktfeld zwischen medizinischen und wirtschaftlichen Zielen, Wiesbaden 1972

Deutsche Krankenhausgesellschaft (Hrsg.), Anhaltszahlen für die Besetzung der Krankenhäuser mit Ärzten und Pflegekräften, Düsseldorf 1974

Eichhorn, S., Krankenhausbetriebslehre, Theorie und Praxis des Krankenhausbetriebes, Band II, 2. erweiterte Auflage, Stuttgart-Berlin-Köln-Mainz 1973

Meyer, M., Eine spezielle Klasse medizinisch-ökonomischer Planungsmodelle und ihre Bewertungsproblematik, in: Proceedings in Operations Research 6, Würzburg-Wien 1976, S. 617-627

Schläger, W., Die Planung der Aufnahme stationärer Patienten in einem Krankenhaus - dargestellt am Beispiel der Medizinischen Klinik der Universität Erlangen-Nürnberg, Diss. Nürnberg 1976

Anschrift des Verfassers:

Dr. Klaus Hansen
Universität Erlangen-Nürnberg
Lange Gasse 20
8500 Nürnberg

D. FISCHER

IABG, 8012 Ottobrunn, Einsteinstraße 20

Zur optimalen Größe von Krankenhäusern

1. Problemstellung

1975 stellte der BMJFG in seinem Bericht über die Auswirkungen des KHG fest, daß "der Entwicklung von Maßstäben für optimale Betriebsgrößen von Krankenhäusern der verschiedenen Anforderungsstufen eine entscheidende Bedeutung zukommt" (1).

Die Arbeit, über die ich Ihnen heute unter zeitbedingter Raffung berichten möchte, befaßt sich mit eben dieser Problemstellung (2),und zwar sowohl unter dem

- strategischen Aspekt der Verbesserung der Struktur des gesamten Krankenhaus-Systems mit entsprechenden Rückwirkungen auf das einzelne Krankenhaus als auch unter dem
- taktischen Aspekt der Rationalisierung des Krankenhaus-Betriebs bei vorgegebener Struktur.

Die bei der Festlegung einer sinnvollen Krankenhaus-Struktur grundsätzlich zu beantwortenden Fragestellungen lassen sich vereinfacht wie folgt konkretisieren:

1. Wie groß ist die erforderliche Gesamtkapazität?
2. Welches ist die optimale Betriebsgröße?
3. Welches ist die optimale Aufgabenverteilung?

Bezieht man diese Fragen - wiederum vereinfacht - auf das Bett als eine der zentralen Leistungsgrößen des Krankenhaussystems (3), so zielt die erste Frage auf eine Bestimmung des Gesamtbedarfs an Betten ab. Die zweite Fragestellung läuft auf die bereits angesprochene Bestimmung der optimalen Anzahl von Betten pro Krankenhaus hinaus; die dritte betrifft dagegen die optimale Zentralisierung und Spezialisierung der Funktionen in einem hierarchisch gestalteten Krankenhaussystem. Alle drei Fragen sind durch die Orts- und Zeitabhängigkeit des Bedarfs an bzw. der Nachfrage nach stationärer Versorgung eng miteinander verknüpft. Wie im folgenden darzustellen sein wird, kann deshalb die Frage nach der optimalen Krankenhausgröße nicht losgelöst von den beiden übrigen Fragestellungen behandelt werden.

Das Adjektiv "optimal" darf dabei aufgrund der Vielzahl erforderlicher, einschneidender Vereinfachungen und Randbedingungen ohnehin nur als Synonym für die "bestmögliche" Lösung verstanden werden (4).

2. Ansätze zur Bestimmung der optimalen Krankenhaus-Größe

Diejenigen von Ihnen, die sich schon - und sei es auch nur am Rande-mit der Frage der optimalen Krankenhaus-Größe befaßt haben, werden wissen, daß es an Aufsätzen und Untersuchungen zu diesem Thema in den vergangenen 20 Jahren keineswegs gemangelt hat, daß andererseits jedoch die Aussagen unbefriedigend geblieben sind.

Insgesamt lassen sich ca. 5 Kategorien von methodischen Vorgehensweisen unterscheiden, wobei der überwiegende Anteil der in der Literatur auffindbaren Aussagen zum Thema Krankenhausgröße sich auf eine nur partiell quantitativ begründete, d.h. im wesentlichen intuitive Diskussion der Für und Wider einer bestimmten Krankenhausgröße beschränkt. Zweifellos sind diese Veröffentlichungen für eine qualifizierte Beschreibung der IST-Situation von Wert, doch läßt die Argumentation keine eindeutigen Rückschlüsse zu.

Ein interessanter, quantitativer Ansatz zur Bestimmung einer optimalen Krankenhausgröße kann in dem Versuch gesehen werden, durch eine Regressionsanalyse von Kostendaten bestehender Krankenhäuser einen Zusammenhang zwischen Kosten und relevanten Leistungsgrößen zu ermitteln (5). Dieser Ansatz wurde in den 60er Jahren von einer Reihe von Autoren verfolgt, ohne daß es auch nur einem von ihnen gelungen wäre, überzeugende Aussagen herauszuarbeiten, so daß S. E. BERKI zu einer tabellarischen Zusammenfassung typischer Ergebnisse sarkastisch feststellen konnte (6):
"In summary, then, the question can be posed: What are the shapes of the short-run and long-run cost functions of hospitals? Are there economies of scale? The answer from the literature is clear: "The exact general form of the function is unimportant, but whatever its exact shape, and depending on the methodologies and definitions used, economies of scale exist, may exist, may not exist or do not exist, but in any case, according to theory, they ought to exist".

Für diese Folgerungen gibt es durchaus sachliche Ursachen, z.B. Unterschiede in den getesteten Hypothesen, eine divergierende Interpretation der Beziehungen zwischen den Größen "output" und "scale" oder das Fehlen eines geeigneten Kostenmodells eines Krankenhauses, zu dem bisher nur Teillösungen veröffentlicht wurden. Prinzipiell aus den gleichen Gründen wie der Ansatz über die Regressionsanalyse zur Bestimmung einer Kostenfunktion konnte auch die Entwicklung von Produktionsfunktionen nicht zum gewünschten Erfolg führen (7).

Eine fünfte Kategorie von Ansätzen greift auf operationsanalytische Methoden zurück. Der Einsatz der Simulationstechnik blieb dabei wegen des mit dieser Methode verbundenen Aufwands auf Teilprobleme im Krankenhaus beschränkt (8). Vom Aufwand und der Datenverfügbarkeit her realisierbar erscheint dagegen der Einsatz der linearen Programmierung (9).

3. Gewählter Lösungsweg

Aufgrund der hier kurz skizzierten Bestandsaufnahme der bisherigen methodischen Ansätze und in Anpassung an die eingangs definierten taktischen und strategischen Problemstellungen sowie eine realisierbare Datenbasis wurden drei Modelle entwickelt:

PARK als ein parametrisches Kostenmodell, das eine relative Abschätzung der Kosten in Abhängigkeit von der Funktion und Größe des Krankenhauses sowie der Zusammensetzung des Patientenguts erlaubt und zur Berechnung der Zielfunktionswerte der folgenden LP-Modelle herangezogen werden kann, als da sind

OPTIK ein LP-Modell zur Bestimmung der optimalen Allokation von Ressourcen innerhalb eines Krankenhauses bestimmter Größe und Funktion unter Berücksichtigung vorgegebener Randbedingungen.

FLINK ein LP-Modell zur Bestimmung der optimalen Größe eines Krankenhauses als Teil eines flächendeckenden, integrierten und hierarchisch gegliederten Krankenhaus-Systems.

In Bild 1 ist die Beziehung der drei Modelle zueinander schematisch dargestellt. FLINK, das auf das strategische Problem der Optimierung eines Krankenhaussystems im Rahmen einer System-Planung zugeschnitten ist, kann gleichzeitig für die Vorgabe wesentlicher Randbedingungen für das operationelle bzw. taktische Problem der Strukturoptimierung eines einzelnen Krankenhauses im Rahmen einer Objektplanung herangezogen werden, z.B. die Zuweisung des Patientenaufkommens und damit die Vorgabe seiner Funktion und Bettenzahl.

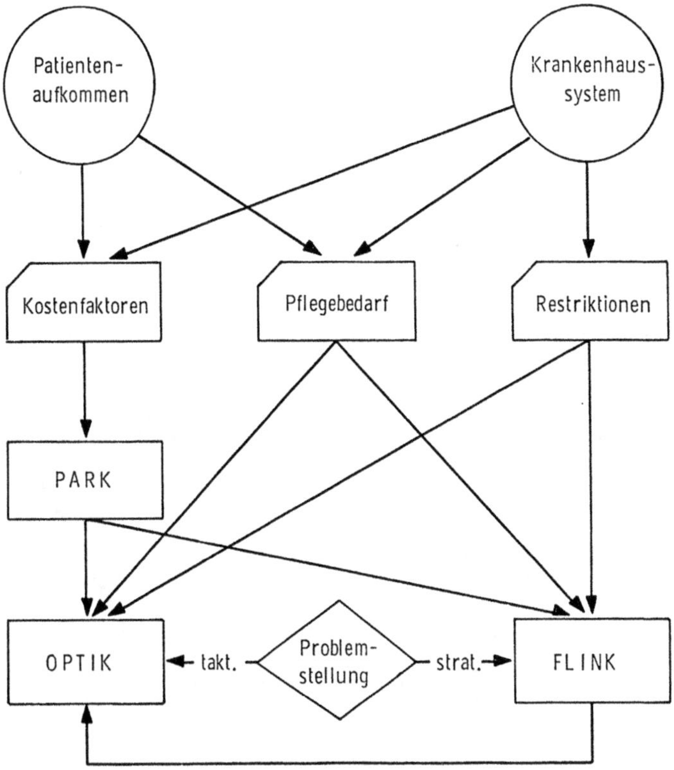

Bild 1 Modell-System

PARK liefert zwar durchaus eigenständige Kostenaussagen - wie noch zu zeigen sein wird -, dient in der hier dargestellten Modellfamilie jedoch vor allem der Berechnung der Aufwandswerte für die Zielfunktionen, die in OPTIK und FLINK zum Einsatz kommen.

3.1 Grundannahmen

Die Kompatibilität der drei Modelle wird durch zwei Sätze von Annahmen sichergestellt, die für alle drei Modelle gelten und deshalb hier vorweg umrissen werden sollen. Der erste betrifft die Anzahl der sich nach Leistungsfähigkeit und Größe unterscheidenden Typen von Krankenhäusern, die durch die Modelle abzubilden sind, der zweite die Anzahl und Art der Patienten, die durch Allgemein-Krankenhäuser versorgt werden sollen. Beide Sätze sind durch die erforderliche Zuordnung von Patienten zu Krankenhäusern eng miteinander verknüpft.

Bei der Klassifizierung der Krankenhäuser wurde prinzipiell von dem System der 5 Versorgungsstufen ausgegangen, das sich in der BRD herausgebildet hat, bei dem eine höhere Versorgungsstufe grundsätzlich auch die Anforderungen der niedrigeren Stufe erfüllt (10).

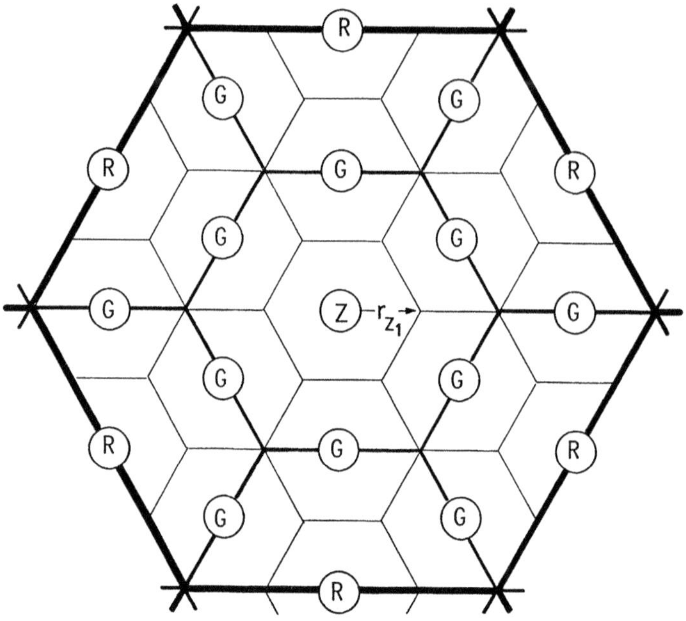

Bild 2 Einzugsbereiche einer integrierten Krankenhausstruktur

Von der Datenbasis her wie unter regionalplanerischen Aspekten erscheint jedoch nur eine 3er Stufung praktikabel, die sich - wie Bild 2 zeigt - als integriertes, flächendeckendes System in der zweckmäßigen Form einer Bienenwaben-Struktur (11) darstellen läßt, bei der das Einzugsgebiet einer übergeordneten Versorgungsstufe für ihre zusätzlichen Fachabteilungen ein bestimmtes Vielfaches der Fläche der untergeordneten umfaßt, die Leistungen der untergeordneten Stufen sich aber jeweils auf den entsprechenden Einzugsbereich um den Ort des Krankenhauses beschränken.

Die wesentlichste Ausgangsgröße für die Dimensionierung und Strukturierung des Krankenhaus-Systems stellt das Aufkommen an Patienten dar, gemessen anhand der Krankenhaushäufigkeit der in das System eintretenden Patienten und spezifiziert durch die Hauptdiagnose, die - möglicherweise in Verbindung mit einer oder mehreren Nebendiagnosen - mit einer bestimmten Wahrscheinlichkeit zur Zuteilung des Patienten zu einer bestimmten Abteilung in einem Krankenhaus führt, das mindestens einer bestimmten Versorgungsstufe angehört. Die Hauptdiagnose bestimmt gleichzeitig - in Verbindung mit der Versorgungsstufe und der zuständigen Fachabteilung - die durchschnittliche Verweildauer des Patienten sowie seinen Bedarf an Personal- und Sachleistungen.

Was die Klassifizierung des Patientenaufkommens anbetrifft, so erwies sich aufgrund der Auswertung von AOK-Statistiken (12), von Krankenhausplänen (13) sowie von Daten aus Bundeswehr-Krankenhäusern (14) eine Differenzierung nach 17 Diagnose-Gruppen realisierbar.

3.2 Das PARK-Modell

Bei der Entwicklung des PARK-Modells stellte sich das Problem, daß
- auf keine geeignete Kostenstruktur zurückgegriffen werden konnte und
- in der Literatur der Mangel an Kostenfunktionen noch größer ist als der an patientenbezogenen Leistungsdaten.

So war es für die Entwicklung von PARK erforderlich, in Anpassung an OPTIK ein struktur-unabhängiges System von Kostengleichungen zu entwickeln, die zumindest eine Berechnung
- der von der Krankenhausgröße, d.h. der Bettenzahl, abhängigen Investitionskosten
- der vom Leistungsumfang, d.h. dem Patientenmix, abhängigen Betriebskosten und
- der vom Einzugsbereich, d.h. der Erreichbarkeit, abhängigen Transport-bzw. Besuchskosten

erlauben.

Entsprechend der durch OPTIK und damit auch FLINK vorgegebenen Problemstellung war dabei primär die relative Darstellung der durch Bettenzahl, Patienten-Profil und Einzugsbereich bestimmten Kosten zu gewährleisten und weniger eine absolute Abschätzung.

Trotzdem bleibt festzuhalten, daß PARK ca. 90% und damit fast alle der durch die Bettenzahl bestimmten Brutto-Selbstkosten eines Krankenhauses erfaßt, wobei in die Fallkosten alle Patienten-bezogenen Leistungen eingehen, die auch bei OPTIK Berücksichtigung finden.

Grundsätzlich kann festgestellt werden, daß die Fall-Kosten proportional zur Bettenzahl des Krankenhauses anwachsen. Die beim Übergang von einer Versorgungsstufe zur nächsten auftretenden Unstetigkeiten sind durch die sich mit der Versorgungsstufe ändernden Abschreibungsfaktoren, Leistungsumfänge und durchschnittlichen Verweildauern verursacht. Letztere können für eine Diagnose-Gruppe mit höherer Versorgungsstufe - bedingt durch kürzere Verweildauern in Spezialabteilungen - auch abnehmen und damit zum Absinken der Fallkosten führen.

3.3 Das OPTIK-Modell

Durch die Ergebnisse des PARK-Modells ist die im Rahmen eines hierarchischen Krankenhaus-Systems ohnehin falsch formulierte Frage nach der optimalen Größe eines einzelnen Krankenhauses bereits grundsätzlich beantwortet; d.h. jeder Patient sollte im kleinsten Haus behandelt werden, das zu seiner Behandlung in der Lage ist. Als Aufgabenstellung für ein Modell eines einzelnen Krankenhauses verbleibt somit die optimale Allokation von Ressourcen innerhalb eines Krankenhauses bestimmter Größe und Funktion unter Berücksichtigung vorgegebener Randbedingungen. Ein solcher Einsatz schließt die Analyse des Zusammenhangs zwischen Krankenhausgröße, Struktur des Krankenhauses und Leistungsfähigkeit bzw. Kosten im Rahmen einer parametrischen Sensitivitätsanalyse selbstverständlich mit ein. Einer solchen Aufgabenstellung dient das OPTIK-Modell.

Die Frage nach dem speziellen Optimierungsziel wird jeder Entscheidungs-Verantwortliche und jede Entscheidungsebene in unterschiedlicher Weise beantworten. Für den Einsatz von OPTIK wurden drei alternative Zielfunktionen definiert, die in etwa das gesamte Spektrum an gemein- oder erwerbswirtschaftlichen Optimierungszielen abdecken, d.h.:

(1) Maximierung der Patientenzahl
$$\sum_j x_j \rightarrow \max !$$

(2) Maximierung des Gewinns bzw. Minimierung des Verlusts
$$\sum_j (E_j - A_j) \cdot x_j \rightarrow \max !$$

(3) Minimierung der Durchschnittskosten pro Patient
$$\frac{\sum_j A_j \cdot x_j}{\sum_j x_j} \rightarrow \max !$$

Geht man bei der zweiten Zielfunktion von einem vorgegebenen Tagessatz aus, so geht sie in die Forderung nach einer Minimierung der Kosten über.

Sowohl von der Leistungs- als auch von der Kostenseite her konnten in OPTIK folgende Kapazitätsgrenzen dargestellt werden:

- die Mindestzahl an Betten auf den einzelnen der 15 zu berücksichtigenden Fachabteilungen/Stationen,
- die maximal verfügbare Bettenkapazität im Krankenhaus
- die maximale Anzahl der von den verfügbaren MTA durchführbaren Laboruntersuchungen der 4 Grundtypen
- die Arbeitsstunden-Kapazität der 7 Grundtypen an Personal
- die Kapazität der OP-Räume und Wäscherei, der Röntgen- und Isotopendiagnostik, der Röntgen- und Strahlentherapie, der physikalischen Therapie und der EKG- und EEG-Geräte
- das Maximal-Aufkommen an Patienten der Diagnose-Gruppe j

Für ein Krankenhaus der Zentralversorgung resultiert ein Gleichungssystem mit 85 Gleichungen und 51 Variablen.

Bild 3 illustriert das Ergebnis der Anwendung von Optik auf ein 150 Betten-Haus der Grundversorgung bei Einsatz der durch die Gleichungen (1), (2) und (3) definierten Zielfunktionen. Wie nicht anders zu erwarten, führt jede Zielfunktion zu einer anderen Auswahl unter dem Patientenaufkommen. Nur bei 6 der 17 Diagnosegruppen wird das Patientenaufkommen unter allen drei Zielfunktionen voll ausgeschöpft. Zwei Diagnosegruppen werden überhaupt nicht akzeptiert. Bei den restlichen neun Diagnosegruppen bestimmt die Zielfunktion den Umfang der Aufnahme. Global kann, entsprechend der Formulierung der Zielfunktionen, das Ergebnis anhand der folgenden drei Kenngrößen bemessen werden:

Kenngrößen / Zielfunktionen	Patienten Gesamt	TDM/Jahr Betrieb	TDM/Jahr Gesamt	DM/Pat. Gesamt
(1) Max. Patientenzahl	<u>2.736</u>	3.115	3.735	1.365
(2) Min. Kosten	2.408	<u>2.755</u>	3.374	1.401
(3) Max. Kosten-Wirksamkeit	2.703	2.928	3.546	1.312

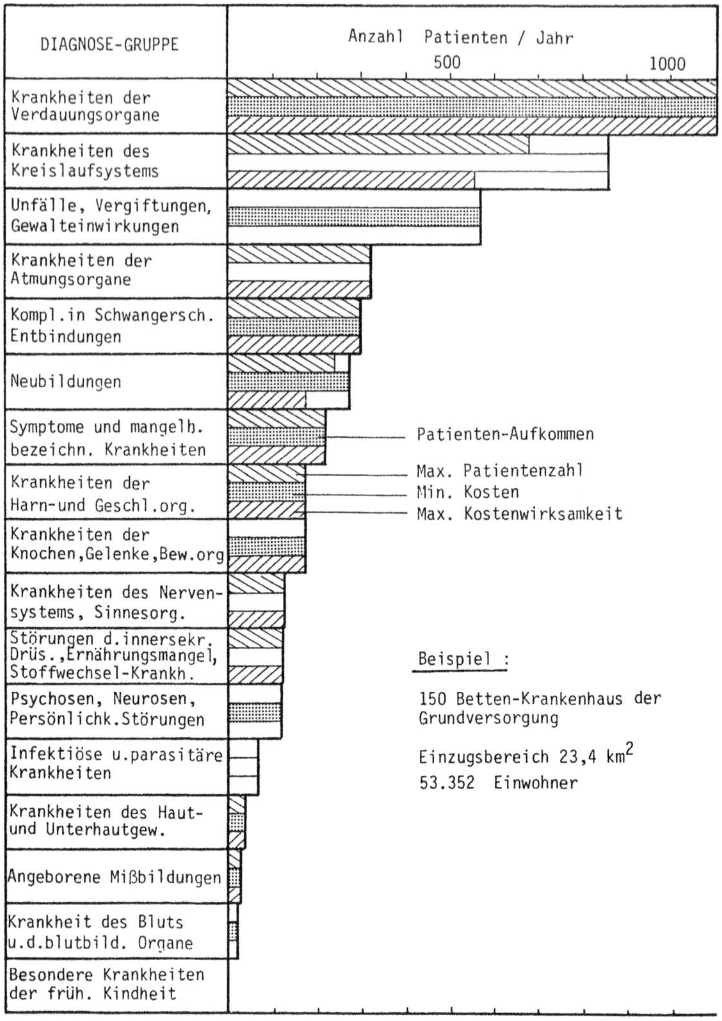

Bild 3 Einfluß der Zielfunktion auf das Patientenprofil

Die Realisierung der Zielfunktion (1) kommt 10%, die von (3) 5% teurer als die Strategie der Kostenminimierung (2). Diese führt gleichzeitig zu einer Minimierung der Patientenzahl, die bei Zielfunktion (1) um 14%, bei Zielfunktion (3) immer noch um 12% höher liegt. Bei den Fallkosten bringt jedoch Zielfunktion (3) das beste Ergebnis.

3.4 Das FLINK-Modell

Die durch PARK gegebene Antwort zum Zusammenhang zwischen Investitions-bzw. Fall-Kosten und Krankenhausgröße kann für s i c h a l l e i n sicher n i c h t befriedigen. Sie besagt letztlich nicht mehr, als daß

- Patienten auf der niedrigsten Versorgungsstufe behandelt werden sollten, die unter medizinischen Gesichtspunkten noch die erforderliche Behandlung gewährleistet und daß
- die Krankenhäuser die kleinste Größe haben sollten, die noch einen - durch Mikro-Studien eingehender zu untersuchenden - rationellen Betrieb der erforderlichen bzw. vorgesehenen einzelnen Fachabteilungen erlaubt.

Diese Aussage entspricht in gewisser Weise dem heutigen Trend, die Kosten im Krankenhauswesen u.a. durch die Verlegung von Patienten mit entsprechend geringen Versorgungsbedürfnissen in Hostels oder Pflegehäuser zu reduzieren. Andererseits bedarf jedoch aus medizinischen Gründen ein Mindestanteil der Patienten einer jeden Diagnosegruppe einer Behandlung in mindestens einem Haus der Regel- oder gar der Zentralversorgung. Eine entsprechende Restriktion kann von Ausbildungs-Bedürfnissen abgeleitet werden.
Aus dieser Problemstellung läßt sich folgendes Optimierungsproblem ableiten:

In einem geschlossenen, hierarchisch gegliederten Krankenhaus-System sind die zu versorgenden Patienten in der Weise den verschiedenen Versorgungsstufen zuzuordnen, daß die Gesamtkosten des Krankenhaus-Systems minimiert werden, d.h.

$$\sum A_j \cdot x_j \rightarrow \min ! \qquad (4)$$

Diese Aufgabenstellung führt gleichzeitig zur integrierten Bestimmung der optimalen, d.h. kostenminimalen Größe der einzelnen Krankenhäuser auf den einzelnen Versorgungsstufen.

Mit den oben kurz erwähnten Grundannahmen, den durch PARK errechneten Kostendaten sowie vorgegebenen Randbedingungen, ergab sich gegenüber dem für OPTIK aus den Krankenhausplänen entwickelten Datensatz insgesamt die folgende Neuverteilung der Patienten zu den einzelnen Versorgungsstufen:

Patienten/ Jahr Gesamt	110.860	
davon behandelt durch	OPTIK	FLINK
Krankenhäuser der	Eingabedaten	Optimierung
-Grund-Versorgung (%)	39,83	47,11
-Regel-Versorgung (%)	14,40	27,73
-Zentral-Versorgung (%)	45,77	25,52

Das durch FLINK optimierte System stellt sich gegenüber den OPTIK-Ausgangsdaten wie folgt dar: die Bettenzahl pro Krankenhaus der Regelversorgung steigt von 218 auf 262 Betten, in der Regionalversorgung von 288 auf 586 Betten, in der Zentralversorgung fällt sie von 2.626 auf 1.525. Die Betriebskosten des Systems nehmen um 3,6% ab, bei gleichzeitiger Zunahme der Bettenzahl um 5,3%.

4. Zusammenfassung

Zusammenfassend läßt sich feststellen, daß die zu den Modellen führenden Überlegungen sowie die mit Hilfe der Modelle erzielten Ergebnisse trotz der mit den Eingabedaten und dem begrenzten Auflösungsvermögen der Modelle verbundenen Unsicherheiten folgende Schlußfolgerungen nahelegen:

1. Bei Bestehen einer hierarchischen Struktur bzw. einer Spezialisierung von Krankenhäusern ist die isolierte Frage nach der optimalen Größe eines einzelnen Krankenhauses falsch gestellt. Das unbefriedigende Ergebnis vieler früherer Untersuchungen, in denen die Wechselwirkungen zwischen dem einzelnen Krankenhaus und dem gesamten Krankenhaus-System vernachlässigt wurden, muß nicht zuletzt auf diese falsche Fragestellung zurückgeführt werden.
2. In den untersuchten Bereichen nehmen die Kosten pro Bett bzw. pro Fall mit der Krankenhaus-Größe zu. Dies ist auch bei Ausklammern der als soziale Kosten zu betrachtenden Besuchskosten der Fall.
3. Für ein geschlossenes, hierarchisches System kann die Existenz einer optimalen Größe der Krankenhäuser in Abhängigkeit von der Versorgungsstufe nachgewiesen werden.
4. Eine Gliederung der Krankenhaus-Struktur in mehr als drei Ebenen entsprechend dem KCHG erscheint fragwürdig, da sie keine sinnvolle Darstellung einer integrierten, flächendeckenden Struktur erlaubt.
5. In einem Krankenhaus-System mit vorgegebener, begrenzter Kapazität hat die Vorgabe jeder Zielfunktion eine Auswahl unter dem Patientengut zur Folge.

Literaturverzeichnis

(1) BMJFG: Bericht der Bundesregierung über die Auswirkungen des Gesetzes zur wirtschaftlichen Sicherung der Krankenhäuser und zur Regelung der Krankenhauspflegesätze (KHG), Deutscher Bundestag, Drucksache 7/4530, Bonn 30.12.1975, S. 16

(2) Fischer, D.: Zur Dimensionierung eines mehrstufigen Krankenhaus-Systems, Diss. Erlangen-Nürnberg 1978.

(3) Fottler, M.D.: Some Correlates of Hospitals Costs in Public and Private Hospital Systems, Quarterly Review of Economics and Business,Vol. 15(4), 1975, S. 101ff.

(4) Brudes, W.: Gedanken zur optimalen Gestaltung der Krankenhaus-Funktion, Das Krankenhaus, 2/1969, S. 49ff.

(5) Feldstein, M.S.: Economic Analysis for Health Service Efficiency,Amsterdam 1967

(6) Berki, S.E.: Hospital Economics, Lexington-Mass.-London 1972

(7) Feldstein, P.J.: An Empirical Investigation of the Marginal Cost of Hospital Services, University of Chicago 1961

(8) Gierl, L.: Ablaufplanung im Krankenhaus mittels Simulation am Beispiel der Röntgenabteilung der Medizinischen Klinik der Universität Erlangen-Nürnberg, Betriebswirtsch.Inst. der Uni.Erlangen-Nürnberg, Arbeitspapiere Heft 28, Teil I und II 1976

(9) Gurfield, R.M., Clayton Jr, S.C.: Analytical Hospital Planning: A Pilot Study of Resource Allocation using Mathematical Programming in a Cardiac Unit, The Rand Corp., RM-5893-RC, Santa Monica 1969

(10) Strukturkommission der Deutschen Krankenhaus-Gesellschaft (Hrsg.): Moderne Krankenhaus-Strukturen, Düsseldorf 1973

(11) Christaller, W.: Die Zentralen Orte in Süddeutschland, Darmstadt 1968

(12) Bundesverband der Ortskrankenkassen: Krankheitsarten-, Krankheitsursachen u. Sterblichkeits-Statistik der Ortskrankenkassen, Bonn-Bad Godesberg 1970

(13) Stadt Nürnberg, Krankenanstalten: Betriebsvergleich kommunaler Großkrankenanstalten, 1970

(14) BMVg (Hrsg.): Gesundheitsbericht der Bundeswehr, Heft 25 der Beiträge zur Wehrmedizinalstatistik, Remagen 1971

E. SCHACH

Hochschulrechenzentrum der Universität Dortmund, 4500 Dortmund, Postfach 50 05 00

Vergleiche von Gesundheitssystemen

Einleitung

Wenn wir unter Gesundheitssystem die Gesamtheit der Mittel und Methoden verstehen, die eine Gesellschaft gegen Krankheit im weitesten Sinn und verfrühten Tod einsetzt (Field 1976), dann hat jedes Land ein Gesundheitssystem. Dieses kann in unterschiedlichen Kulturbereichen verschieden aussehen, kann in ein und demselben Land lokal unterschiedliche Formen haben. Es können auch in ein und demselben Land unterschiedliche Wege zur Bewältigung ein und desselben Gesundheitsproblems beschritten werden.

Das Gesundheitssystem ist ein Teil des Gesellschaftssystems und steht mit diesem in unlösbarem Zusammenhang. Es sind daher auch Gegebenheiten und Grundsätze des Gesellschaftssystems entscheidend für das Gesundheitssystem. Deshalb wird es kaum zwei gleiche Gesundheitssysteme geben, wie es wohl auch Schwierigkeiten bereitet, zwei Länder mit identischen Gesellschaftssystemen zu finden. Eben diese Vielfalt realisierter Gesundheitssysteme ermöglicht es uns, eine Vielzahl von Mitteln und Methoden zur Bewältigung von gesundheitlichen Problemen von Bevölkerungen zu studieren. Insbesondere können wir auf folgenden Gebieten Einsichten durch internationale Vergleiche von Gesundheitssystemen erwarten:

1. Welches sind die wichtigsten gesundheitlichen Probleme von Bevölkerungen? Gibt es Gemeinsamkeiten zwischen verschiedenen Ländern, wo liegen die Unterschiede?

2. Welche Wege werden von den verschiedenen Ländern eingeschlagen, Krankheit zu heilen und das Leben zu verlängern? Sind diese Wege wirksam?

   Internationale Vergleiche ermöglichen das Erkennen besonders wirksamer Methoden bei gleichen Problemen.

3. Welche Bedeutung haben Prävention und Rehabilitation, also Maßnahmen, die die Funktionstüchtigkeit und -fähigkeit von Personen erhalten, verbessern oder wiederherstellen?

   Internationale Vergleiche zeigen die relative Bedeutung solcher Verfahren im Gesamtgeschehen auf.

4. Mit welchem Ressourceneinsatz (Struktur, Organisation) werden beobachtete Zustände im Gesundheitswesen erreicht?

   Internationale Vergleiche geben hier Hinweise auf Effizienzunterschiede von Gesundheitssystemen.
   Nicht nur für die Wissenschaft sind folgende Gründe für internationale Vergleiche von Bedeutung.

5. Wenn Ziele und Normen für Gesundheitssysteme zu entwickeln sind, dann läßt sich das leichter unter Kenntnis bereits verwirklichter Entwicklungen bewältigen als am grünen Tisch (Andersen 1976).

   Wenn man die Auswirkungen bestimmter Maßnahmen im Gesundheitswesen studieren will, braucht man diese oft nicht im eigenen Lande experimentell zu erproben. Die Vielzahl existierender Gesundheitssysteme und darin verwirklichter Maßnahmen liefert oft ausreichendes Anschauungsmaterial für zu erwartende Entwicklungen.

6. Nur unter Zuhilfenahme internationaler Vergleiche kann sich eine allgemeingültige Theorie des Gesundheitssystems entwickeln. Innerhalb eines Landes werden zwar regional unterschiedliche Varianten des gleichen Gesundheitssystems beobachtet, diese unterliegen jedoch den durch das Gesellschaftssystem gegebenen Gemeinsamkeiten. Strebt man die Formulierung einer über Nationen hinweg gültigen Theorie an, dann muß diese auch internationale Tests erfahren.

   Vergleichende Studien von Gesundheitssystemen können unterschiedliche Ziele haben. Es lassen sich jedoch trotz unterschiedlicher Zielsetzung und methodischer Ansätze wenige Typen solcher Studien unterscheiden. Andersen (1976) schlug eine Zweifachklassifikation nach Zielrichtung und Methodik vor. Nach hauptsächlicher Zielrichtung unterscheidet er Studien der Organisation des Gesundheitswesens, des Ressourceneinsatzes (finanziell oder materiell), der Wirksamkeit oder dem Grad der Übereinstimmung von Zielen und tatsächlichen Gegebenheiten und der Effizienz. Nach dem methodischen Ansatz werden deskriptive, empirische, theoretisch orientierte und erklärende Studien unterschieden. Aus seiner Klassifikation zahlreicher abgeschlossener internationaler Studien geht hervor, daß von 35 nur 3 als vorwiegend erklärend und 4 als vorwiegend theoretisch orientiert eingeordnet werden. Es erscheinen außerdem nur 2 internationale Studien der Effizienz.

Wollen wir aber internationale Vergleiche voll nutzen, dann gilt es, in den Bereich erklärender Effizienzstudien vorzustoßen, nämlich solche Vergleiche durchzuführen, die Input-Outputrelationen für unterschiedliche Gesundheitssysteme betrachten und gefundene Relationen zu erklären suchen.

Anhand von Ausschnitten aus vorhandenem Material der World Health Organization/International Collaborative Study of Medical Care Utilization (Kohn und White 1976), WHO/ICS-MCU, möchte ich Ihnen zeigen, welche Einsichten aus vergleichenden Gesundheitsversorgungssystemstudien gezogen werden können und wo weitere Arbeit nötig ist.

Daten

Die hier verwandten Daten wurden in den Jahren 1968 bis 1969 im Rahmen einer internationalen Studie (Kohn und White 1976) über die Inanspruchnahme medizinischer Leistungen in 12 Regionen aus 7 Ländern erhoben. Es wurden dabei Bevölkerungsstichproben im Umfang von 48.000 Personen standardisiert befragt und Erhebungen über regionale Ressourcen des Gesundheitssystems vorgenommen. Befragungsgegenstände waren die Inanspruchnahme medizinischer Leistungen, Morbidität nach Selbsteinschätzung, Einstellung zu einer Reihe gesundheitsverwandter Aspekte, soziodemographische Merkmale und andere Charakteristika der Familie.

Entsprechend dem zugrundeliegenden Modell wurde die Inanspruchnahme von Leistungen auf mögliche Erklärungsfaktoren hin untersucht. Innerhalb von Regionen waren als erklärende Faktoren Morbidität, Inanspruchnahme, sie begünstigende und ermöglichende Faktoren von Wichtigkeit. Über die Regionen hinweg wurden Ressourcen als die Inanspruchnahme beeinflußende Faktoren in die Analyse eingeführt.

Die an der Studie beteiligten Regionen lagen in Kanada (Grande Prairie - GP -, Saskatchewan - SA -, Fraser - FR - und Jersey - JE -), in den U.S.A. (Northwestern Vermont - NV - und Baltimore - BE -), in Argentinien (Buenos Aires - BA -), in Großbritannien (Liverpool - LI -), in Finnland (Helsinki - HE -), Polen (Lodz - LO -) und Jugoslawien (Banat - BT - und Rijeka - RI -).

Für unsere Betrachtungen werden die Sehschwierigkeiten der Bevölkerung und ophthalmologische Leistungen herausgegriffen. Es handelt sich dabei um einen engen, gegen andere Teile des Gesundheitswesens gut abgrenzbaren Bereich.

Sehschwierigkeiten wurden für Erwachsene durch die Fragen:

- Können Sie Zeitungen ohne Brille lesen?
  und
- Erkennen Sie ohne Brille einen Freund auf der gegenüberliegenden Straßenseite?

bestimmt.

Inanspruchnahme erhielt man durch die Fragen:

- Haben Sie in den letzten 2 Wochen einen Optiker/Optometristen aufgesucht?
- Ließen Sie einen Sehtest vornehmen, wenn ja, wann?
- Tragen Sie eine Brille oder Kontaktgläser?

Das ophthalmologische Personal wurde nach Qualifikationsstufen (Augenarzt, Optometrist, Optiker) erhoben und pro 1000 Bevölkerung ausgewiesen. Sondererhebungen über Tätigkeitsmerkmale dieses Personals erbrachten weitere Einsichten über dessen Funktion und Einsatz.

Methoden

Die Methoden der Datenerhebung wurden andernorts ausführlich beschrieben (Kohn und White 1976). Für diese Abhandlung wurden Rangkorrelationskoeffizienten nach Kendall (τ) geschätzt und der Bereich in dem diese Koeffizienten signifikant von 0 verschieden sind ($\alpha = 0{,}05$) in

3 gleiche Teile aufgeteilt, nämlich 0,43 - 0,61, 0,62 - 0,81 und ≥ 0,82. Diese drei Bereiche wurden dann als niedrig, mittel oder hoch bezeichnet.

Für die Tabellen 2 - 4 wurde der Bereich der Variablen in zwei gleiche Teile geteilt und diese mit hoch und niedrig bezeichnet.

Ergebnisse

1. Internationaler Vergleich von Regionaldaten

Entsprechend der Vorgehensweise in zahlreichen Studien kann man hier die Korrelationsbeziehungen zwischen Inanspruchnahme von Leistungen und Umfang und Struktur des ophthalmologischen Personals untersuchen. Es zeigt sich dann, daß die Raten der Leistungsinanspruchnahme, nämlich Optiker/Optometristenkontakte in 2 Wochen, Raten von Personen mit Sehtests in 12 Monaten und von Brillenträgern nicht signifikant mit den Raten von ophthalmologischen Personal korrelieren.

Das ist ein unerwartetes, jedoch nicht unübliches Ergebnis. Gründe dafür sind in unterschiedlichen Tätigkeitsmerkmalen und Praxisgewohnheiten des Personals zu suchen.

Über die Regionen hinweg beobachten wir positive Rangkorrelationen zwischen Raten von Personen mit Sehschwierigkeiten und Leistungsinanspruchnahme und zwar mit Raten von Personen mit Sehtests in 12 Monaten von 0,56, Raten von Personen mit Optiker/Optometristenkontakten in 2 Wochen von 0,59 und Raten von Brillen-/oder Kontaktlinsenträgern von 0,81. Höhere Morbidität scheint also auch über Regionen hinweg mit höherer Leistungsinanspruchnahme assoziiert zu sein.

Weitere Analysen auf dem Regionalniveau zeigen, daß höhere Leistungsinanspruchnahme positiv und signifikant mit den Prokopfausgaben des Staates für Gesundheit und auch dem Prokopfvolkseinkommen korrelieren. Es könnte also höhere Leistungsinanspruchnahme mit höherem Wohlstand einhergehen.

Es gibt jedoch auch Anzeichen dafür, daß die von uns gemessene Rate von Personen mit Sehschwierigkeiten positiv mit den Prokopfgesundheitsausgaben und dem Prokopfvolkseinkommen korrelieren.

Abschließend kann dazu gesagt werden, daß sich bei Globalanalysen von Gesundheitssystemen auf Regional- oder Länderebene einige plausible (z.B. positiver Zusammenhang zwischen Morbidität und Leistungsinanspruchnahme), aber auch zahlreiche unplausible (nicht nachweisbarer Zusammenhang zwischen Ressourcen und Inanspruchnahme) oder durch Drittfaktoren beeinflußte (positive Korrelation zwischen Prokopfgesundheitsausgaben und Morbidität) Beziehungen ergeben, wobei uns die letzteren und nicht signifikante Beziehungen oft verschwiegen werden.

2. Internationale Vergleiche von Größenordnungen und Beziehungen innerhalb von Regionen

Wegen der gezeigten Deutungsschwierigkeiten der obigen Ergebnisse sollen nun die Möglichkeiten des internationalen Vergleichs mit Analysen auf Individualebene gezeigt werden.

Die Größenordnungen der Inanspruchnahme von Leistungen zeigt Tabelle 1.

Es variieren die Raten von Personen mit Optiker/Optometristenkontakten in 2 Wochen von 1 bis 15 pro 1000 Bevölkerung, Raten für Personen mit Sehtests zwischen 169 und 416 in 12 Monaten pro 1000 Bevölkerung und Raten von Brillen- oder Kontaktlinsenträgern zwischen 159 und 484 pro 1000 Bevölkerung über die Regionen hinweg. Für die Regionen in Argentinien, Polen und Jugoslawien beobachten wir dabei durchgehend relativ niedrige Inanspruchnahmeraten.

Relativ hohe Variationskoeffizienten für die Inanspruchnahme dieser 4 Regionen sind u.U. nicht nur eine Konsequenz niedriger Raten, sondern deuten vielleicht auf Ungleichheiten in der Verteilung der Inanspruchnahme hin.

Es zeigt sich nämlich, daß für beinahe alle Regionen relativ mehr Kinder als Erwachsene und vergleichsweise mehr Männer als Frauen Sehtests an sich vornehmen lassen. Demgegenüber tragen mehr Erwachsene als Kinder und mehr Frauen als Männer Brillen oder Kontaktlinsen. Diese Ungleichgewichtigkeiten treten in den letztgenannten 4

Regionen verstärkt auf.

Tabelle 1: Sehtests, Optikerkontakte, Brillenträger:

Personen mit Sehtests in 12 Monaten, Personen mit Optiker/Optometristenkontakten in 2 Wochen, Personen mit verschriebenen Brillen oder Kontaktlinsen pro 1000 Bevölkerung.

Region	Sehtests	Optiker/Optometristenkontakte	Brillen oder Kontaktlinsen
GP	314	15	443
SA	336	15	432
FR	259	7	425
JE	288	9	397
NV	383	13	484
BE	416	12	464
BA	189	2	327
LI	256	13	362
HE	362	6	354
LO	250	2	159
BT	169	1	172
RI	224	1	233

Betrachtet man jedoch Raten von Personen mit Sehschwierigkeiten, so sind diese in Kanada und den USA-Regionen hoch, in Buenos Aires und in den polnischen und jugoslawischen Regionen niedrig. Als ein anderes Bedarfskriterium könnte man die Prozentsätze von Personen betrachten, die berichten, noch nie einen Sehtest mitgemacht zu haben. Das sind im Mittel (Median) 42% der Kinder und 6% der Erwachsenen. Von diesem Mittel weichen Buenos Aires mit 26%, Lodz (Polen) mit 29%, Banat mit 35% und Rijeka mit 24% der erwachsenen Bevölkerung erheblich ab. Anhand von dieser Variablen zeichnet sich also in den 4 zuletzt genannten Regionen unbefriedigter Bedarf ab.

Da für diese Regionen der Bedarf formuliert als Rate von Personen mit Sehproblemen niedrig ist, müssen wir zu dieser möglichen Ungereimtheit Stellung nehmen. Es gibt Anzeichen dafür, daß Personen Sehprobleme angeben, wenn Sie darauf aufmerksam gemacht worden sind, d.h. Regionen mit mehr Sehschwierigkeiten in der Bevölkerung haben auch höhere Inanspruchnahmeraten. Wir müssen also bei der Interpretation der beiden Morbiditätsindikatoren vorsichtig vorgehen. Über Regionen hinweg korrelieren beide negativ.

Abbildung 1 stellt nun Raten von Personen mit Sehschwierigkeiten, solchen von Personen mit Sehtests und Brillenträgern gegenüber. Dabei ergibt sich, daß für die kanadischen und U.S.-Regionen die Morbiditätsraten von den Inanspruchnahmeraten von Sehtests leicht unterschritten, von Brillenträgerraten leicht überschritten werden. Für die Regionen LO, BT und RI übersteigt jedoch der Bedarf die Leistungsinanspruchnahmeraten. In Buenos Aires und Liverpool bleiben die Raten von Personen mit Sehtests gegenüber den Morbiditäts- und Brillenträgerraten zurück.

Und nun noch weitere Ergebnisse:

a) Während im Mittel (Median) 77 von 1000 Personen mit Sehschwierigkeiten keine Brille oder Kontaktlinsen tragen, sind es in Buenos Aires 195, in Lodz 426, im Banat 383 und in Rijeka 287, also sehr hohe Anteile.

b) Inanspruchnahmeraten von Sehtests sind zwar in der Mehrheit der Regionen größer unter Personen mit, als unter Personen ohne Sehschwierigkeiten, jedoch in Lodz, Banat und Rijeka gilt das Umgekehrte. Dieses deutet vielleicht auf verbesserungswürdige Angebotsformen der Ressourcen hin.

c) Dem vergleichsweise hohen unbefriedigten Bedarf in den 3 Regionen wird allem Anschein nach durch Formen von Selbstmedikation begegnet.

   - Unter Brillenträgern gibt es nämlich in Lodz, Banat und Rijeka relativ mehr mit nicht verschriebenen Gläsern, nämlich 12 - 27% pro 100 Brillenträger im Vergleich zu einem Median von 10% für alle Regionen.

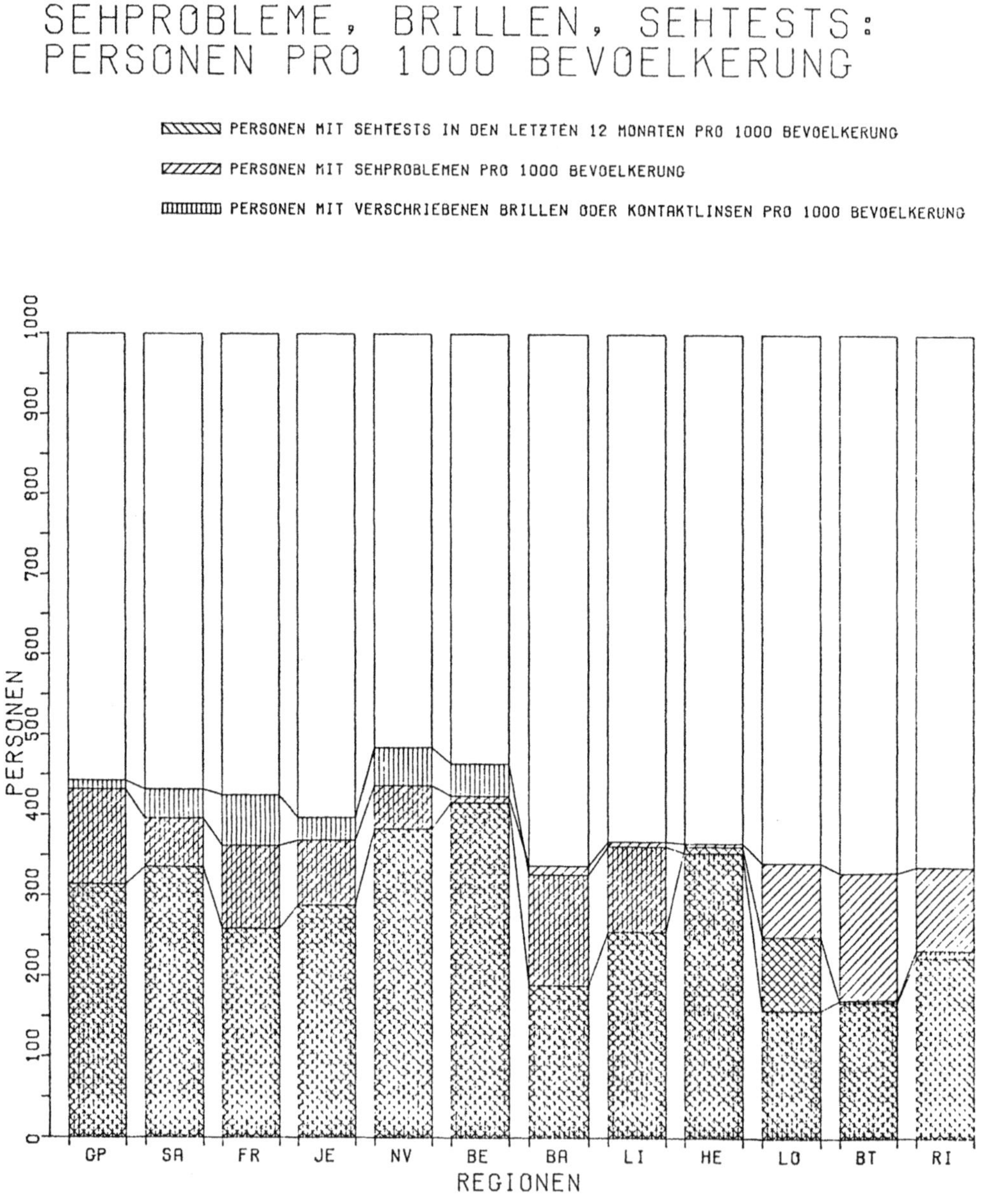
SEHPROBLEME, BRILLEN, SEHTESTS:
PERSONEN PRO 1000 BEVOELKERUNG
PERSONEN MIT SEHTESTS IN DEN LETZTEN 12 MONATEN PRO 1000 BEVOELKERUNG
PERSONEN MIT SEHPROBLEMEN PRO 1000 BEVOELKERUNG
PERSONEN MIT VERSCHRIEBENEN BRILLEN ODER KONTAKTLINSEN PRO 1000 BEVOELKERUNG
PERSONEN
0
100
200
300
400
500
600
700
800
900
1000
GP
SA
FR
JE
NV
BE
BA
LI
HE
LO
BT
RI
REGIONEN

Abbildung 1

- Unter 100 Personen, denen dazu geraten wurde, sich eine Brille zu beschaffen, geschah das zu 65, 66 und 60% durch einen Freund oder Verwandten in Lodz, Banat und Rijeka und nur zu 20, 17 und 27% durch einen Arzt oder Optiker, also einen Fachmann. In den anderen Regionen kommen Hinweise zu etwa gleichen Anteilen von Fachpersonal und Laien.

3. Kombinierte Analyse von aggregierten Daten und intraregionalen Beziehungen über Regionen hinweg

Wenn wir die in intraregionalen Analysen gewonnenen Erkenntnisse mit Ressourcenvariablen in Beziehung setzen, dann gewinnen wir Aufschlüsse über eine Typologie der Regionen.

Tabelle 2: Ressourcen, Bedarf und Nachfrage:

Optiker/Optometristen pro 10.000 Bevölkerung (Ressourcen), Personen mit Sehschwierigkeiten pro 1000 Bevölkerung (Bedarf), Personen mit Sehtests in 12 Monaten pro 1000 Bevölkerung (a) und Brillen- und Kontaktlinsenträger pro 1000 Bevölkerung (b).

a)

	Ressourcen			
Sehschwierigkeiten	Hoch		Niedrig	
	Nachfrage (Sehtests)			
	Hoch	Niedrig	Hoch	Niedrig
Hoch	GP, SA, JE		NV, BE	FR
Niedrig	HE	BA, LI		LO, BT, RI

b)

	Ressourcen			
Sehschwierigkeiten	Hoch		Niedrig	
	Nachfrage (Brillen)			
	Hoch	Niedrig	Hoch	Niedrig
Hoch	GP, SA, JE		FR, NV, BE	
Niedrig		BA, LI, HE		LO, BR, BI

Tabelle 2 gibt Aufschluß über Ressourcen, Morbidität und Inanspruchnahme, wobei jedes Merkmal jeweils in zwei Gruppen, nämlich hoch und niedrig unterteilt ist. Dabei ist eine weitgehende Übereinstimmung der Tabellen a) und b) zu beobachten, die sich in bezug auf die Nachfragevariable unterscheiden.

In Tabelle a) zeigt sich, daß

1. in GP, SA, JE alle 3 Faktoren hoch sind,

2. sich für NV, BE hohe Inanspruchnahme bei hoher Morbidität und niedrigen Ressourcen ergeben.

3. FR verbindet hohe Morbidität mit niedrigen Ressourcen und Benutzung (Tabelle 2a).

4. HE erzielt bei niedrigem Bedarf und hohen Ressourcen auch eine hohe Inanspruchnahme (Tabelle 2a) und bei hohen Ressourcen und niedrigem Bedarf eine niedrige Inanspruchnahme (Tabelle 2b).

5. BA und LI erreichen bei niedriger Morbidität und hohen Ressourcen niedrige Nachfrage. Bevor man dieses als ineffizient bezeichnet, muß man sich über Tätigkeitsmerkmale und Praxisformen klar sein.

6. LO, BT und Rijeka zeigen bei niedrigen Sehschwierigkeiten und niedrigen Ressourcen auch niedrige Inanspruchnahme.

   Wählen wir statt der Rate von Personen mit Sehschwierigkeiten nun den Prozentsatz von Personen, die nie einen Sehtest mitgemacht haben als Bedarfskriterium, dann drehen sich, wegen der bereits oben angesprochenen negativen Korrelation beider Merkmale, die beiden Zeilen der Tabelle um.

Wir greifen nun einige Zeilen der Tabelle 3 heraus:

1. Es erzielt jetzt BA unter hohem Ressourceneinsatz und mit hoher Morbidität nur eine niedrige Inanspruchnahme, was vielleicht auf eine verbesserungswürdige Organisation der Ressourcen hinweist.

Tabelle 3: Ressourcen, Bedarf, Nachfrage:

Optiker/Optometristen pro 10.000 Bevölkerung (Ressourcen), Personen, die nie einen Sehtest machen ließen pro 1000 Bevölkerung (Bedarf), Brillen- oder Kontaktlinsenträger pro 1000 Bevölkerung (Nachfrage).

	Ressourcen			
	Hoch		Niedrig	
	Nachfrage (Brillen)			
Nie einen Sehtest	Hoch	Niedrig	Hoch	Niedrig
Hoch		BA		LO, BT, RI
Niedrig	GP, SA, JE	LI, HE	FR, NV, BE	

2. In Lodz, Banat und Rijeka werden bei hohem Bedarf und niedrigen Ressourcen, niedrige Brillenträgerraten erreicht, vielleicht eine Folge zu knapper Ressourcen.

3. Andererseits sind für GP, SA und JE bei niedriger Morbidität und hohen Ressourcen auch hohe Nachfrageraten zu beobachten (das könnte auf Selbstnachfrage zurückzuführen sein).

Zuletzt sei noch auf die Nutzungsintensität des Personals eingegangen.

Tabelle 4 zeigt Personen mit Sehtests pro Personaleinheit als Nutzungsintensität. In Tabelle 4a wurden Personen mit Sehschwierigkeiten und in Tabelle 4b Personen, die nie einen Sehtest hatten pro 1000 Bevölkerung als Bedarfsvariable benutzt.

Es sind nun für BE, LO, BA und Rijeka hohe Morbidität und hohe Nutzungsintensität, für BA hohe Morbidität und niedrige Nutzungsintensität, für SA und FR bei niedrigem Bedarf hohe Nutzungsintensitäten und für GP, JE, NV, LI und HE bei niedrigem Bedarf niedrige Nutzungsintensitäten zu beobachten (Tabelle 4b).

Wegen der bereits erwähnten negativen Korrelation der beiden Bedarfskriterien sind die Ergebnisse in Tabelle 4a entsprechend verändert.

Tabelle 4: Bedarf und Nutzungsintensität:

Personen mit Sehschwierigkeiten pro 1000 Bevölkerung (Bedarf - Tabelle 4a), Personen, die nie einen Sehtest machen ließen pro 1000 Bevölkerung (Bedarf - Tabelle 4b), Personen mit Sehtests geteilt durch Optiker/Optometristen in der Region (Nutzungsintensität).

a)

Sehschwierigkeiten	Nutzungsintensität	
	Hoch	Niedrig
Hoch	SA, FR, BE	GP, JE, NV
Niedrig	LO, BT, RI	BA, LI, HE

b)

Nie einen Sehtest	Nutzungsintensität	
	Hoch	Niedrig
Hoch	BE, LO, BT, RI	BA
Niedrig	SA, FR	GP, JE, NV, LI, HE

Zusammenfassung und Ausblick

Umfrageergebnisse unter Bevölkerungen über Bedarf und Inanspruchnahme von ophthalmologischen Leistungen wurden in Kombination mit den entsprechenden Ressourcenvariablen analysiert. Dabei wurde in drei Schritten vorgegangen. Analysen auf dem Regionenniveau zeigten einige plausible, aber auch schwer interpretierbare Ergebnisse. Aufschlüsse über Größenordnungen der Sachverhalte verschafften uns vergleichende Analysen deskriptiver Statistiken über die Regionen hinweg. Analysen innerhalb der Regionen erhärteten die Vermutung, daß für LO, BT und RI höherer unbefriedigter Bedarf an ophthalmologischen Leistungen besteht als in anderen Regionen und daß Laien oder Selbstmedikation benutzt werden, um hier Abhilfe zu schaffen.

Bringt man diese Erkenntnisse in eine mehrdimensionale Analyse von Aggregatdaten ein, dann zeigt sich, daß

- hoher Bedarf und hoher Ressourceneinsatz nicht unbedingt einhergehen,

- hohe Inanspruchnahme bei hohen Ressourcen auch in Kombination mit niedrigem Bedarf vorkommen (Selbstnachfrage),

- niedrige Ressourcen bei hoher Morbidität und intensiver Ressourcennutzung zu hoher Inanspruchnahme führen können (durch Morbiditätsdruck),

- aber auch niedrige Ressourcen mit niedrigem Bedarf mit hoher Inanspruchnahme auftreten können.

Um diese offensichtlich recht komplexen Vorgänge und Zusammenhänge besser verstehen zu können, brauchen wir

1. Mehrfachindikatoren für Ressourcen, Morbidität und Inanspruchnahme, so daß Beobachtungen überprüfbar werden.

2. Einsichten und Modelle über die wichtigsten Zusammenhänge im Gesundheitswesen.

3. Tests von Modellen über Länder unterschiedlicher Gesundheitssysteme hinweg.

Kurz, auf dem Gebiet der internationalen Vergleiche von Gesundheitssystemen brauchen wir neue Ideen und inhaltliche und methodische Innovationen. Korrelationsanalysen über Länder hinweg, obwohl oft praktiziert, bringen uns nicht weiter.

Die WHO ICS/MCU-Studie (Kohn und White 1976) und andere haben neue Wege durch standardisierte Methodik und durch die Analyse kleiner Regionen beschritten. Aber die gerade mit dieser Studie parallel durchgeführten methodischen Untersuchungen haben auch die Schwächen der Ansätze und Methoden verdeutlicht.

Literatur

Andersen, R. 1976. A framework for cross-national comparison of health services systems. in Pflanz, M. and E. Schach (eds.). Cross-National Sociomedical Research: Concepts, Methods, Practice. Stuttgart: Thieme.

Kohn, R. and White, K.L. (eds.) 1976. Health Care: An International Study. New York and London: Oxford University Press.

Field. M.G. 1976. The need for cross-national studies in health services. in Pflanz, M. and E. Schach (eds.). Cross-National Sociomedical Research: Concepts, Methods, Practice. Stuttgart: Thieme.

P. SWERTZ

Deutsches Krankenhausinstitut Düsseldorf,Institut in Zusammenarbeit mit der Universität Düsseldorf, 4000 Düsseldorf, Tersteegenstr. 9

Untersuchungen über die personellen und finanziellen Entlastungsmöglichkeiten der Krankenhausversorgung durch Differenzierung der Krankenhausaktivitäten nach vollstationärer und semistationärer Versorgung

I AUSGANGSSITUATION UND ZIELSETZUNG

Ausgehend von der Struktur der Aufgaben und des Aufwandes im Gesundheitswesen ergibt sich, daß das Krankenhauswesen einen wichtigen Ansatz für eine Begrenzung der Ausgaben für die Gesundheit bietet. Dabei steht fest, daß es nicht genügt, alle betrieblichen, baulichen und technischen Maßnahmen zur Rationalisierung der Krankenhäuser auszuschöpfen. Es wird darüber hinaus unumgänglich sein, das Krankenhauswesen als einen der kostenverursachenden Zweige des Gesundheitswesens quantitativ soweit wie möglich zu entlasten.

Nach einer früheren Pilotstudie des Deutschen Krankenhausinstituts - Institut in Zusammenarbeit mit der Universität Düsseldorf - (DKI) über Art und Umfang der Behandlungs- und Pflegebedürftigkeit der Patienten (1971) zeichneten sich für die organisatorische und bauliche Struktur des Pflegebereichs im Allgemeinen Krankenhaus etwa folgende Gruppierungskennzahlen ab: Intensivpflegebereich - 8 bis 10 %, Normalpflegebereich - 50 bis 60 %, Langzeitpflegebereich - 10 bis 15 %, Minimal- und Teilzeitpflegebereich - 20 bis 30 % der Gesamtbettenkapazität.

Nach diesen Untersuchungen aber auch nach denen anderer Stellen werden mithin gegenwärtig Patienten im konventionellen Sinne stationär aufgenommen und wie bettlägerige Patienten versorgt, obwohl sie primär der Krankenhausdiagnostik und -therapie, nicht jedoch der umfassenden Dienstleistungen bettlägeriger Patienten bedürfen. Für diese Patienten würde eine "semistationäre" Krankenhausversorgung im Rahmen von Minimalpflegeeinheiten (Hotelversorgung) oder Teilzeitpflegeeinheiten (zum vorübergehenden oder stundenweisen Aufenthalt während des Tages oder auch während der Nacht) nicht nur ausreichen, sondern auch wesentlich angenehmer sein.

Der kostenbegrenzende und kostensenkende Effekt einer solchen Differenzierung der Krankenhausaktivitäten hängt natürlich entscheidend davon ab, ob und inwieweit die mit der so erreichten Verkürzung der Verweildauer freiwerdenden Bettenkapazitäten abgebaut werden. Dies wiederum ist nur über eine darauf abgezielte Steuerung des Angebotes an Krankenhausbetten im Rahmen der Krankenhausregionalplanung der Länder möglich. Auf der anderen Seite sind die heute vorliegenden Erkenntnisse über die Rationalisierungsmöglichkeiten des Krankenhausbetriebes auf dem Wege der Progressivpflege noch nicht so weit quantifiziert und detailliert, daß sie bereits allgemein in der Betriebs- und Bauplanung von Krankenhäusern eingehen könnten.

In diesen Überlegungen ist die Begründung für den Forschungsauftrag über die personellen und finanziellen Entlastungsmöglichkeiten der Krankenhausversorgung durch Differenzierung der Krankenhausaktivitäten nach voll- und semistationärer Versorgung zu suchen, den das Bundesministerium für Jugend, Familie und Gesundheit dem DKI mit Schreiben vom 21. April 1975 übertragen hat.

Die Zielsetzung des Forschungsprojektes besteht darin festzustellen, in welchem Umfange durch eine nach der Versorgungsintensität (voll- und semistationär) zu differenzierenden Pflege und Behandlung eine finanzielle und personelle Entlastung der Krankenhausversorgung ermöglicht wird. Dabei sind die Entlastungswirkungen quantitativ so fundiert zu ermitteln, daß die daraus gewonnenen Erkenntnisse in die Krankenhausbedarfsplanung der Länder sowie in die Betriebs- und Bauplanung der einzelnen Krankenhäuser einfließen können. Das Forschungsprojekt hat sich jedoch ausschließlich mit dem Patientenkreis zu befassen, der heute im Krankenhaus stationär versorgt wird. Der Wirkungskreis der niedergelassenen Allgemein- und Fachärzte ist an keiner Stelle anzusprechen. Außer Betracht stehen also auch die Fragen, ob dem Krankenhaus zusätzliche Aufgaben übertragen werden können, ferner die Fragen der Durchlässigkeit der fachärztlichen Versorgung sowie die Möglichkeiten der Nutzung der diagnostisch-therapeutischen Kapazitäten des Krankenhauses für die ambulante Versorgung. Das Forschungsprojekt ist ausschließlich auf innerbetriebliche Rationalisierung der für das Krankenhaus gegebenen Situation gerichtet und nicht mit Fragestellungen der Krankenversorgung außerhalb des Krankenhauses gekoppelt.

II METHODIK UND DURCHFÜHRUNG DER UNTERSUCHUNGEN

A. Aufbau und Methodik der Untersuchungen

Die Ergebnisse des Forschungsprojektes und daraus abgeleitete Empfehlungen sind in verdichteter Form in den Abschnitten III bis V dargestellt:

1) Art und Umfang der Möglichkeiten einer bedarfsgerechten Differenzierung der Krankenhausversorgung nach vollstationärer und semistationärer Versorgung, insbesondere Differenzierung der semistationären Versorgung nach Minimalversorgung (Unterbringung im Krankenhaus "rund um die Uhr" ohne gesamtpflegerische Versorgung) und Teilzeitversorgung (nur vorübergehender oder stundenweiser Aufenthalt im Krankenhaus) - (Abschnitt III).

2) Maßnahmen im Bereich von Krankenhausbetrieb und Krankenhausbau als Voraussetzung für eine Strukturierung des Pflegebereiches nach Behandlungs- und Pflegeintensität - (Abschnitt IV).

3) Personelle und finanzielle Entlastungsmöglichkeiten einer bedarfsgerechten Differenzierung der Krankenhausversorgung nach vollstationärer und semistationärer Versorgung - (Abschnitt III).

4) Hinweise für weitere vorbereitende Maßnahmen zur Umstellung von Krankenhäusern im Hinblick auf eine Differenzierung der Krankenhausaktivitäten nach Behandlungs- und Pflegeintensität - (Abschnitt V).

Diese Untersuchungsergebnisse gründen sich auf systematische Analysen. Dazu zählen sowohl die Auswertungen von Erfahrungsberichten als auch die von Pilot- und Repräsentativstudien.

Zur Gewinnung der Erfahrungsberichte wurden sowohl Literaturanalysen als auch Befragungen der Krankenhauspraxis herangezogen. Diese Berichte dokumentieren den Stand der Erkenntnisse im In- und Ausland auf dem Gebiete einer nach voll- und semistationär abgestuften Krankenhausversorgung.

Die Möglichkeiten der Weiterentwicklung der stationären Versorgung in der BRD in Richtung auf eine bedarfsgerechte, nach der Pflege- und Behandlungsintensität differenzierte Versorgung wurden im Rahmen von gesonderten empirischen Studien untersucht.

Einmal wurden in speziellen Auswertungen einer Repräsentativerhebung in bundesdeutschen Krankenhäusern Anhaltswerte über die Differenzierung nach vollstationärer und semistationärer Versorgung ermittelt, um die Größenordnung der Auswirkungen einer abgestuften stationären Krankenversorgung insgesamt zu bestimmen.

Zum anderen wurden in einer Pilotstudienreihe über die Gruppierung der Patienten nach der Behandlungs- und Pflegeintensität in ausgewählten Allgemeinen Krankenhäusern abgeschlossene Behandlungsfälle im Hinblick auf eine zeitliche Differenzierung des Krankenhausaufenthaltes nach vollstationärer und semistationärer Versorgung analysiert (Verlaufsanalysen). Ziel dieser Pilotstudien war in erster Linie, Hinweise in exemplarischer Form darüber zu gewinnen, wie sich der Anteil der Krankenhausversorgung, der nicht notwendigerweise vollstationär erbracht werden muß (semistationärer Leistungsanteil), nach Minimalversorgung (Unterbringung im Krankenhaus "rund um die Uhr" ohne pflegerische Versorgung) und Teilzeitversorgung (nur vorübergehender oder stundenweiser Aufenthalt im Krankenhaus) differenziert. Dabei ist es im Rahmen der gesundheits- und krankenhauspolitischen Diskussionen vielfach üblich, die Teilzeitversorgung als sogenannte "Vorstationäre Diagnostik" oder als "Nachstationäre Versorgung" zu bezeichnen.

Die bei der Durchführung des Forschungsprojektes vorrangig ausgewählten Zusammenhänge lassen sich grafisch übersichtlich in Form eines Systemdiagrammes abbilden (vgl. Abbildung 1).

B. Durchführung der Untersuchungen

Das in der Umstrukturierung der bisherigen vollstationären Krankenhausaktivitäten liegende Potential für eine personelle und finanzielle Entlastung wird in folgenden methodischen Untersuchungsschritten erhoben:

1) Der erste Schritt beinhaltet eine Aufnahme und Analyse der bisherigen Struktur der Krankenhausaktivitäten. Er weist aus, wie sich gegenwärtig die Aufenthaltstage von Patienten in Akutkrankenhäusern nach den verschiedenen Versorgungskategorien zusammensetzen. Die Ergebnisse wurden - vorbereitet durch umfassende Literaturanalysen - in einer Repräsentativerhebung in bundesdeutschen Krankenhäusern ermittelt und durch Pilotstudien in ausgewählten Krankenhäusern ergänzt und differenziert.

Um zu Aussagen über die Differenzierung der Krankenhausaktivitäten nach der Pflege- und Behandlungsintensität zu gelangen, die für Krankenhäuser der BRD insgesamt repräsentativ sind, wurde eine problemspezifische Auswertung einer seit 1974 laufende Repräsentativerhebung vorgenommen. Der Umfang der von Infratest Gesundheitsforschung, München, im Auftrage der bundesdeutschen Krankenhausverbände durchgeführten Repräsentativerhebung zum Deutschen Hospital Index (DHI) läßt sich folgendermaßen charakterisieren: 500 Allgemeine Krankenhäuser für Akutkranke, verteilt über alle Krankenhausversorgungsstufen (differenziert nach acht Gruppen von Fachdisziplinen), mit etwa 48 000 Betten und rund 41 000 erfaßten Krankenhauspatienten.

Die Repräsentativerhebung erfolgte als Stichtageerhebung mittels versandter Fragebögen, die durch den behandelnden Arzt oder durch die zuständige Pflegekraft ausgefüllt wurden. Sie wandte sich an eine nach Fachdisziplinen, Krankenhausgrößen, Trägerschaft und regionaler Struktur repräsentative Auswahl von Fachabteilungen an Akutkrankenhäusern der BRD.

Während sich die Repräsentativstudie auf die Gewinnung von Globalwerten für die Entlastung des vollstationären Krankenhausbereiches richtet, ist es Ziel der Pilotstudien, Anhaltspunkte darüber zu gewinnen, wie sich die aus der Repräsentativerhebung ergebende Gesamtentlastung des vollstationären Krankenhausbereiches nach den verschiedenen Entlastungsmöglichkeiten weiter differenziert.

Die Pilotstudien wurden in Form von retrograden Ablaufanalysen des Behandlungsverlaufes durch Auswertung von Krankengeschichten bereits entlassener Patienten durchgeführt.

Die Informationen für die Pilotstudien wurden im Wege der Auswertung vorliegender Krankengeschichten durch ein Erhebungsteam in enger Zusammenarbeit mit dem behandelnden Arzt und gegebenenfalls auch der zuständigen Pflegekraft vorgenommen, verbunden mit der Möglichkeit von Rückfragen und eingehenden Diskussionen.

Der Umfang der Pilotstudien läßt sich zusammengefaßt folgendermaßen charakterisieren: 11 Allgemeine Krankenhäuser für Akutkranke, verteilt über alle Krankenhausversorgungsstufen, Krankenhausträger und Arten von Krankenhausregionen unter Einschluß von 12 Fachdisziplinen, mit etwa 2 100 Krankengeschichten und rund 38 000 erfaßten Aufenthaltstagen.

Die Pilotstudien haben im Hinblick auf Umfang und Auswahl der einbezogenen Fachabteilungen nur einen mehr exemplarischen Charakter. Die Unterschiede in der Erhebungsmethodik zwischen den durchgeführten Repräsentativ- und Pilotstudien führen dazu, daß die Ergebnisse nur unter Beachtung der jeweiligen Bedingungen vergleichbar sind.

Darüber hinaus ist bei der Beurteilung der Ergebnisse beider Erhebungen zu berücksichtigen, daß die Einstufung der Aufenthaltstage durch den behandelnden Arzt in die jeweiligen Versorgungskategorien weitgehend von den derzeitigen Behandlungsgewohnheiten der Krankenhausärzte bestimmt wurde. In nicht wenigen Fällen dürfte dabei die Möglichkeit gefehlt haben, die Umstrukturierung der Krankenhausaktivitäten in ihren Möglichkeiten, Bedingungen und Auswirkungen voll zu reflektieren. Dies trifft insbesondere für den Bereich der Teilzeitpflege zu. Ähnliches gilt für die Entlastung der Akutkrankenhäuser von der Versorgung von Alten und Pflegebedürftigen zugunsten gesondert hierfür zu schaffender Einrichtungen. In beiden Fällen dürfte das Bewußtsein des Nichtvorhandenseins geeigneter Möglichkeiten und Einrichtungen zum gegenwärtigen Zeitpunkt die Entscheidung der Krankenhausärzte im Hinblick auf die Bereitschaft zur Einstufung in diese Versorgungskategorien mit beeinflußt haben.

Ferner dürfte im Hinblick auf die allgemeine Sensibilisierung der Krankenhäuser gegenüber administrativen Strukturänderungen (hervorgerufen durch zum Teil unsystematische und nicht adäquate Steuerungseingriffe in die Organisation der Krankenhäuser) die Einstufung der Patienten in die entlastende Versorgungskategorie der Minimal- und Teilzeitversorgung insbesondere in den Pilotstudien recht vorsichtig erfolgt sein. Davon ausgehend ist anzunehmen, daß gegenüber den Ergebnissen der Repräsentativerhebung die Ergebnisse der Pilotstudien einen unteren Grenzwert der Entlastungsmöglichkeiten vollstationärer Versorgung darstellen.

2) Der zweite methodische Schritt ist die Bestimmung der in der Praxis realisierbaren Anteile an den verschiedenen Kategorien der semistationären Versorgung, d.h. ein Entwurf zur Struktur der Krankenhausaktivitäten nach vollzogener Differenzierung. Hierzu wurde unter Zugrundelegung normativer Richtwerte ein Modellkrankenhaus entwickelt.

Um erneut abzusichern, daß nur ein Minimumsockel an realisierbarer Entlastung berücksichtigt wird, sind die Anteile an Minimalpflegetagen, soweit nicht mindestens drei Minimalpflegetage zusammenhängend auftreten, eliminiert worden. Dabei ist davon ausgegangen, daß ein Patient nur dann in die Minimalpflege verlegt werden sollte, wenn eine Aufenthaltsdauer von mindestens weiteren drei Tagen in dieser Versorgungsstufe abzusehen ist. Ähnlich wird auch im Ausland verfahren.

3) In einem dritten methodischen Schritt ist durch Gegenüberstellung der Modellsituation zu der Situation vor Umstellung festzustellen, wie sich eine veränderte Strukturierung der Krankenhausaktivitäten im einzelnen auswirkt. In einer komparativ-statischen Modellanalyse werden die Leistungsprofile (Mengengerüste) der Krankenhausaktivitäten vor und nach der Umstrukturierung, differenziert nach Versorgungsintensitäten, "saldiert".

In dem Maße, wie eine Umstrukturierung der Krankenhausaktivitäten einen Abbau der entbehrlichen Aufenthaltstage je Patient ermöglicht, kommt es dabei zu einer Reduzierung der durchschnittlichen Verweildauer. Ebenso werden durch die Aktivitäten der Teilzeitversorgung bisherige vollstationäre Aufenthaltstage am Krankenhaus erübrigt. Eine weitere strukturelle Entlastung ergibt sich dadurch, daß ein Teil der bisher vollstationären Versorgung im Rahmen von Minimalpflegebereichen geleistet werden kann.

4) In einem vierten methodischen Schritt bilden diese Änderungen in der Mengenstruktur der Krankenhausaktivitäten die Grundlagen für die Berechnung der personellen und finanziellen Auswirkungen, wobei den Entlastungswirkungen zum Teil gegenläufige Belastungswirkungen entgegenstehen (z.B. bei der Bestimmung des Personalaufwandes unter den Bedingungen einer verkürzten Verweildauer).

Für das Modell intensitätsdifferenzierter Versorgung werden die personellen und finanziellen Entlastungswirkungen auf der Grundlage teils analytisch, teils empirisch gewonnener Leistungs- und Kostenrelationen berechnet.

Die Ergebnisse der Modellrechnung über die Entlastungen durch eine Differenzierung der Krankenhausaktivitäten nach vollstationärer und semistationärer Versorgung sind an die nachstehenden Prämissen gebunden:

- Die Patientenfrequenzen in bestehenden Krankenhäusern werden gesteigert. Dies ist nur dann zu erreichen, wenn die Krankenhausversorgung durch Umstrukturierung des Bettenangebotes stärker konzentriert wird.

- Die quantitativen Entlastungen des vollstationären Bereiches bewegen sich in den aufgrund der Erhebungen vorgegebenen Größenordnungen. So könnte z.B. eine wesentliche Erhöhung des Anteils der Teilzeitaktivitäten Betrieb und Bau der damit in Zusammenhang stehenden Betriebsstellen des Krankenhauses so beeinflussen, daß es zu einer Änderung der Kostenstruktur kommt.

  Unter diesem Gesichtspunkt kann z.B. folgende Rechnung nicht angestellt werden: Die nach den Untersuchungsergebnissen ausgewiesene Verweildauerverkürzung beträgt rund 1,5 Tage, das entspricht einer Entlastung von X DM je Patient. Daraus errechnet sich die Gesamtentlastung wie folgt:
  X DM multipliziert mit der Anzahl der Patienten.
  Gelingt es, die Verweildauer um drei Tage zu verkürzen, dann beträgt die Entlastung das Doppelte. Eine derartige lineare Hochrechnung der Kostenersparnisse anhand alternativer Verweildauerverkürzungen ist infolge der fixen und hier der fallfixen Kostenbestandteile im Kran-

kenhaus nicht zutreffend und bedarf in jedem Falle einer gesonderten Untersuchung.

- Die Umstrukturierung der Krankenhausaktivitäten nach der Pflege- und Behandlungsintensität setzt Bedingungen im Bereich von Krankenhausbetrieb und Krankenhausbau voraus (Einzelheiten dazu vgl. Abschnitt IV).

III ZUSAMMENFASSUNG DER UNTERSUCHUNGSERGEBNISSE

A. Art der Möglichkeiten einer Differenzierung der Krankenhausaktivitäten nach Versorgungsintensitäten

Für Durchführung und Auswertung der Untersuchungen wurden die Begriffe "Krankenhausaktivitäten" und "Differenzierung nach vollstationärer und semistationärer Versorgung" wie folgt zugrunde gelegt:

1) Unter "Krankenhausaktivitäten" sind diejenigen Leistungen im Bereich des Gesamtsystems der medizinischen und pflegerichen Versorgung zu verstehen, die derzeit von Krankenhäusern im Bereich der stationären Krankenversorgung erbracht werden (Diagnostik, Therapie, Pflege, Hotelversorgung). Leistungen, die von anderen Einrichtungen des Gesundheitswesens erbracht werden, sind nicht Gegenstand dieser Untersuchung. Insbesondere werden Arbeitsteilung, Patientenwanderung, Kommunikation und Information zwischen Krankenhäusern und freien Arztpraxen hier nicht untersucht, sondern im Sinne einer Partialanalyse als "Datenkranz" und damit als vorgegeben betrachtet.

2) Mit "Differenzierung nach vollstationärer und semistationärer Versorgung" werden alternativ Organisationsformen für Krankenhausaktivitäten bezeichnet.

Unter "stationärer Versorgung" ist diejenige Organisationsform der Krankenhausleistungen zu verstehen, bei der die Patienten eines Krankenhauses regelmäßig und einheitlich als stationäre, d.h. bettlägerige Patienten behandelt werden.

Mit "semistationärer Versorgung" wird demgegenüber diejenige Organisationsform der Krankenhausleistungen bezeichnet, bei der die Patienten eines Krankenhauses nicht die vollen Versorgungsleistungen bettlägeriger Patienten erhalten, sondern nur einen abgestuft begrenzten Teil der umfaßten Dienstleistungen der vollstationären Versorgung. Semistationäre Versorgung als Organisationsform bedeutet, daß es generelle und dauerhafte Regelungen gibt, wonach die den Bedürfnissen bettlägeriger Patienten entsprechenden Versorgungsleistungen der vollstationären Versorgung, entsprechend der notwendigen Behandlungs- und Pflegeintensität des einzelnen Patienten abgestuft, reduziert werden. Dabei beziehen sich die organisatorischen Regelungen auf Arbeitsablauf, Personaleinsatz und Personalbedarf und können entsprechende Auswirkungen auf die Gestaltung des Krankenhausbaues nach sich ziehen.

Im Bereich der vollstationären Versorgung werden folgende Stufen unterschieden:

a) Intensivpflegebereich

Der Intensivpflegebereich dient der vollstationären Unterbringung von Patienten, die der intensivmedizinischen Versorgung bedürfen.

b) Normalpflegebereich

Der Normalpflegebereich dient der vollstationären Unterbringung von Patienten, die zwar noch bettlägerig sind, aber nur einer normalen pflegerischen Betreuung sowie einer der Intensität nach variierenden ärztlichen Behandlung bedürfen und nicht in der Lage sind, für ihre Grundbedürfnisse in vollem Umfange selbst zu sorgen.

c) Langzeitpflegebereich

Der Langzeitpflegebereich dient der vollstationären Versorgung von Patienten, die nach Abschluß der Akutphase ihrer Erkrankung einer länger andauernden ärztlichen Behandlung unterschiedlicher Intensität und einer laufenden, intensitätsmäßig variierenden pflegerischen Betreuung bedürfen. Hierbei handelt es sich um sogenannte Chronisch- und Langzeitkranke, die nicht nur der Pflege bedürfen (Versorgung im Pflegeheim), sondern wegen der notwendigen therapeutischen und Rehabilitationsmaßnahmen im Allgemeinen Krankenhaus versorgt werden müssen. Je nach dem Alter der Patienten kann der Langzeitpflegebereich weitgehend geriatrisch ausgerichtet sein.

Im Bereich der semistationären Krankenhausversorgung werden folgende Stufen unterschieden:

a) Minimalpflegebereich

Der Minimalpflegebereich dient der semistationären Unterbringung von Patienten "rund um die Uhr", die in der Lage sind, für ihre Grundbedürfnisse selbst zu sorgen. Für sie ist nur eine hotelmäßige Unterbringung - "Hostelversorgung" - erforderlich, da sie keiner grundpflegerischen Betreuung, sondern höchstens der Behandlungspflege und der pflegerischen Anweisung bedürfen und den Arzt und die diagnostisch-therapeutischen Einrichtungen des Krankenhauses selbst aufsuchen können.

Für Patienten, die der vollstationären Versorgung bedürfen, kann die

Minimalpflege entweder vor der Akutphase liegen (Vordiagnostik) und/oder an die Akutphase anschließen (Nachbehandlung, Rehabilitation - in diesem Zusammenhang wird der Minimalpflegebereich oft auch als "Nachsorgeklinik" bezeichnet -). Bei längerem Krankenhausaufenthalt kann eine Minimalversorgung auch in mehrfachem Wechsel mit anderen Krankenpflegekategorien angezeigt sein. Ein großer Teil der Minimalpflegepatienten wird ausschließlich semistationär behandelt, verweilt also nur im Minimalpflegebereich, nicht dagegen im vollstationären Krankenhausbereich.

b) Teilzeitpflegebereich

Teilzeitpflegeeinrichtungen dienen der semistationären Versorgung von Patienten, die nur vorübergehend oder stundenweise im Krankenhaus verweilen, und zwar während des Tages oder auch während der Nacht. Sie bedürfen entweder keiner oder nur einer kurzfristigen pflegerischen Betreuung und können den Arzt und die diagnostisch-therapeutischen Einrichtungen des Krankenhauses selbst aufsuchen.

Die Teilzeitversorgung kann entweder einer vollstationären oder einer Minimalversorgung vor- und/oder nachgeschaltet sein (sogenannte "Vorstationäre Diagnostik" oder "Nachstationäre Versorgung"). Für einige Krankenhauspatienten kann ausschließlich eine Teilzeitversorgung angezeigt sein.

Organisatorisch und räumlich können Minimal- und Teilzeitversorgung vielfach kombiniert werden.

Abbildung 2 gibt einen Gesamtblick über die Differenzierung der Krankenhausversorgung.

B. Umfang der Möglichkeiten einer Differenzierung der Krankenhausaktivitäten nach Versorgungsintensitäten

Die ermittelten Untersuchungsergebnisse zum Umfang der Differenzierungsmöglichkeiten lassen sich wie folgt zusammenfassen:

1) Die mit der größeren statistischen Erhebungsbasis ausgestattete Repräsentativstudie weist somit als Ergebnis im Vergleich zu den Pilotstudien einen höheren Umfang möglicher Entlastung der Krankenhausaktivitäten durch semistationäre Versorgung aus (rund 31 %). Bei der Auswertung der Untersuchungen wurde jedoch größter Wert darauf gelegt, daß die möglichen Entlastungswirkungen eher zu niedrig als zu hoch ausgewiesen werden (sogenannte pessimistische Schätzung). Um einen möglichst sicheren Minimumsockel an Entlastung zu bestimmen, wird deshalb bei den Auswertungen stets von den niedrigeren Werten für eine semistationäre Versorgung (Ergebnisse der Pilotstudien) ausgegangen. Dieser Wert liegt ebenfalls im Rahmen der Erfahrungswerte, die sich bei der Auswertung von ausländischen Modellvorhaben ergeben.

2) Die am unteren Grenzwert der Entlastung orientierte Ermittlung von Art und Umfang einer Differenzierung der gegenwärtigen Aktivitäten des Akutkrankenhauses nach Versorgungsintensitäten, bezogen auf die in der Ausgangssituation (1974) vom Akutkrankenhaus geleisteten Aufenthaltstage (= 100 %), ist in ihren Ergebnissen in Tabelle 1 zusammengestellt und wird nachfolgend noch im einzelnen erläutert.

3) Ein Teil der bisher vollstationär erbrachten Krankenhausaktivitäten (16,9 %) läßt sich semistationär erbringen, entweder im Rahmen von Minimalpflegeeinheiten (14,8 %) oder im Bereich der Teilzeitversorgung (2,1 %).

4) Ein weiterer Teil der bisherigen Krankenhausaktivitäten (7,3 %) braucht nicht vom Krankenhaus wahrgenommen zu werden, sondern kann in den Bereich der Primärversorgung, z.B. in die heim- und hauspflegerische Versorgung verlagert werden. Voraussetzung dafür sind eine Intensivierung und eine zweckmäßige Organisation von Information und Kommunikation zwischen dem Krankenhaus und den vor- und nachgelagerten Institutionen des Gesundheitswesens.

5) Die Entlastungsmöglichkeiten der Krankenhausversorgung durch zweckentsprechende Einrichtungen für Alte und Pflegebedürftige werden im Rahmen dieser Untersuchung nicht hoch eingestuft (0,2 %). Dieses Ergebnis steht im Einklang mit einem anderweitigen Untersuchungsergebnis (Infratest, Bericht über Pflegeintensität 1974), welches diese disfunktionale Nutzung in Höhe von rund 1 % ausweist. Dies mag zum Teil darin begründet liegen, daß man gegenwärtig nur wenig Möglichkeiten sieht, die Versorgung von Alten und Pflegebedürftigen auf Spezialeinrichtungen außerhalb des Krankenhauses zu verlagern.

6) Nach Konzentrierung der Akutkrankenhäuser auf voll- und semistationäre Krankenhausaktivitäten (= 100 %, ohne Versorgung von Alten und Pflegebedürftigen am Akutkrankenhaus und ohne entbehrliche Krankenhausversorgung) könnten 18,3 % bisheriger vollstationärer Aufenthaltstage

durch semistationäre Aktivitäten ersetzt werden (vgl. Tabelle 2).

7) Die Untersuchungen haben die bereits aus dem Ausland vorliegenden Erfahrungen eindeutig bestätigt, daß mit der Einrichtung von semistationären Versorgungsmöglichkeiten die Verlegungshäufigkeit der Patienten - über die an der Schnittstelle von Intensiv- und Normalpflege bereits bestehende hinaus - nur unwesentlich erhöht wird.

Bei intensitätsdifferenzierter Versorgung werden insgesamt 53,0 % der Patienten krankenhausintern verlegt, davon 41,7 % einmal, 10,6 % zweimal und 0,7 % dreimal, wobei die gegenwärtig anfallenden Verlegungen von und zur Intensivpflegeabteilung bereits enthalten sind.

C. Personelle und finanzielle Entlastungsmöglichkeiten der Krankenhausversorgung

Unter "Entlastungsmöglichkeiten der Krankenhausversorgung" werden die potentiellen Auswirkungen einer Differenzierung der Krankenhausaktivitäten nach voll- und semistationärer Versorgung verstanden, die den Aufwand - auf der Basis gleichbleibender Leistungen - verringern. Dabei werden sowohl die Möglichkeiten einer Verringerung des personellen als auch des finanziellen Aufwandes untersucht. Eine Entlastung ist dann gegeben, wenn der Aufwand für die Krankenhausversorgung bei abgestufter Versorgung geringer ist als ohne diese Differenzierung beim "status quo". Dabei betrifft die personelle Entlastung Menge und/oder Qualifikation des eingesetzten Personals, während die finanzielle Entlastung Personalkosten, Sachkosten, Vorhaltungskosten und Finanzierungskosten einschließt.

Die ermittelten Ergebnisse zu den Entlastungsmöglichkeiten lassen sich wie folgt zusammenfassen:

1) Die vorliegenden Untersuchungen haben gezeigt, daß durch eine Differenzierung der Krankenhausaktivitäten nach der Versorgungsintensität (voll- und semistationär) eine finanzielle und personelle Entlastung der Krankenhausversorgung möglich ist. Dabei ergibt sich diese Entlastung sowohl aus einem Minderbedarf an vollstationären Krankenhauseinrichtungen als auch aus einer verstärkten Orientierung von Personalbedarf und Personalseinsatz an dem sich ändernden Versorgungsbedarf der Patienten, ohne daß Grundstruktur der ärztlichen Versorgung tangiert wird.

2) Eine Differenzierung der Krankenhausaktivitäten nach voll- und semistationärer Versorgung bewirkt eine Reduzierung der durchschnittlichen Verweildauer um rund 1,5 Tage.

3) Infolge der damit verbundenen Intensivierung des Krankenhausbetriebes - d.h. der pro Tag erbrachten Personal- und Sachleistungen - erhöhen sich die auf den Pflegetag bezogenen laufenden Kosten (um DM 2,40). Auf den einzelnen durch das Krankenhaus versorgten Patienten bezogen ermäßigen sich infolge der nach voll- und semistationär bedarfsadäquat abgestuften Versorgung die laufenden Kosten um rund DM 180,-- pro Fall (Personalkosten DM 138,--; Sachkosten DM 42,--).

4) Diese Fallkostensenkung führt dann zu einer Senkung der Gesamtkosten des Krankenhaus- und Gesundheitswesens, wenn die Patientenfrequenzen im Zusammenhang damit nicht erhöht werden. Weiterhin ist Voraussetzung, daß es zu einer dem Verlagerungseffekt entsprechenden quantitativen Reduzierung der vollstationären Krankenhausaktivitäten und damit zu einer Konzentration der Betten- und Behandlungskapazitäten

im Bereich der Allgemeinen Krankenhausversorgung kommt.

5) Die finanzielle Entlastung im laufenden Betrieb im Zusammenhang mit der Differenzierung der Krankenhausaktivitäten wird durch eine Verringerung der anteiligen Investitionskosten noch verstärkt.

6) Die vorgenannten Berechnungen der personellen und finanziellen Entlastungen sind einzelwirtschaftliche Wirkungen, die anhand eines Modellkrankenhauses ermittelt wurden. Ergänzend ließen sich die Entlastungswirkungen in einer gesamtwirtschaftlichen Modellrechnung bestimmen. Dabei wären jedoch von den in den einzelnen Krankenhäusern höchst unterschiedlichen betrieblichen Bedingungen auszugehen, so daß die durch Differenzierung bewirkte gesamtwirtschaftliche Entlastung im Bereich der Personal- und Sachkosten von der einzelwirtschaftlichen abweichen würde. Bei pessimistischer Schätzung dürfte die gesamtwirtschaftliche Entlastung der Fallkosten DM 100,-- nicht unterschreiten. Auf die detaillierte Berechnung der Entlastungswirkungen anhand eines gesamtwirtschaftlichen Modells mußte verzichtet werden, da das verfügbare statistische Zahlenmaterial als Ausgangsbasis dafür nicht ausreicht.

IV RAHMENVORSCHLÄGE FÜR UMSTELLUNGSMAẞNAHMEN IM BEREICH VON KRANKENHAUSBETRIEB UND KRANKENHAUSBAU

Die Differenzierung der Krankenhausaktivitäten nach der Pflege- und Behandlungsintensität hat für die organisatirische und bauliche Struktur des Gesamtkrankenhauses folgende Auswirkungen:

1. Behandlungsbereich

a) Zentralisierung der Patientenaufnahme und der damit verbundenen ärztlichen Basisuntersuchungen, vor allem der Anamneseerhebungen.

b) Zentralisierung aller gleichartigen Einrichtungen für Diagnostik und Therapie, z.B. zentrale Operationsabteilung, Zentrallaboratorium, zentrale Strahlendiagnostik, zentrale Strahlentherapie, zentrale Endoskopie.

c) Interdisziplinäre Nutzung aller zentralen Einrichtungen für die Diagnostik und Therapie.

d) Pflegeeinheitsorientierte Lage der überwiegend stationär genutzten Zentraleinrichtungen (z.B. zentrale Operationsabteilung).

e) Zugangsorientierte Lage aller derjenigen Zentraleinrichtungen, die nicht nur stationär, sondern auch semistationär und ambulant genutzt werden (z.B. Zentrallaboratorium, Physikalische Therapie).

Der traditionelle Behandlungsbereich des Allgemeinen Krankenhauses, klinikorientiert strukturiert und organisiert, entwickelt sich so gesehen zu einer interdisziplinär genutzten Diagnostik- und Therapieklinik, die für stationäre, semistationäre und ambulante Patienten gleichermaßen genutzt werden kann.

2. Pflegebereich

a) Ablösung der fachdisziplinären Gliederung durch eine system- und arbeitsintensitätsorientierte Gruppierung der Patienten nach ihrer Behandlungs- und Pflegeintensität.

b) Gliederung der einzelnen Teilpflegebereiche in kleine, flexibel kombinierbare und nutzbare Pflegegruppen - Zusammenfassung möglichst vieler Pflegegruppen auf einer Ebene.

c) Gliederung des Normalpflegebereiches nach Fachbereichen, Fachdisziplinen oder Fachbehandlungen, soweit es die Größe des Krankenhauses zuläßt.

d) Räumliche Zusammenfassung der Pflegeeinheiten für Intensivpflege, Langzeitpflege sowie Minimalpflege; ferner Einrichtung von Teilzeiteinrichtungen bei mittleren und größeren Krankenhäusern.

e) Räumliche Ausgliederung der Minimalpflege in hotelähnliche Einrichtungen, sogenannte Hostels, dazu in räumlicher Verbindung die Teilzeitversorgung.

f) Patientengebundene fachärztliche Versorgung für jeweils eine bestimmte, durch die gleichen Behandlungsnotwendigkeiten charakterisierte Patientengruppe, die auf alle Teilpflegebereiche - Intensivpflege, Normalpflege, Langzeitpflege, Minimalpflege und Teilzeitversorgung - verteilt ist, sich in der Regel aber zahlenmäßig auf den Bereich der Normalpflege konzentriert.

g) Pflegeeinheitsgebundene fachärztliche Versorgung im Intensivpflegebereich durch den für die Intensivmedizin zuständigen Facharzt und im Bereich der Langzeitpflege durch den für Geriatrie und/oder Physiotherapie zuständigen Facharzt.

3. Versorgungsbereich

a) Zentralisierung der verschiedenen Versorgungsdienste für sämtliche Leistungsbereiche und Leistungsstellen des Krankenhauses.

b) Lagerorientierte Lage aller materialabhängigen Versorgungszentralen.

c) Wirtschaftshoforientierte Lage aller Versorgungszentralen, die gleichzeitig auch andere Krankenhäuser versorgen.

d) Kurzwegiger Anschluß der Versorgungszentralen an das Transport- und Fördersystem.

4. Eingangs- und Verwaltungsbereich

a) Eingangsorientierte Lage aller patientengebundenen Leistungsstellen der Verwaltung (z.B. Aufnahme, Kasse).

b) Eingangsorientierte Lage aller Leistungsstellen der allgemeinen und sozialen Betreuung und Fürsorge im Hinblick auf eine gleichwertige Nutzungsmöglichkeit für Patienten, Personal und Besucher.

5. Gesamtkrankenhaus

Durch koordiniertes Zusammenwirken der nach der Versorgungsintensität differenzierten Bereiche und Betriebsstellen des Krankenhauses wird auch organisatorisch unterstützt, daß dem einzelnen Patienten diejenige Versorgung zuteil wird, die seinem jeweiligen (im Zeitablauf sich verändernden) Bedarf adäquat ist. Dadurch wird sowohl einer "Überversorgung" als auch einer "Unterversorgung" der Patienten innerhalb des Krankenhauses - die sich ohne eine solche Differenzierung sonst gegebenenfalls einstellen kann - entgegengewirkt.

Die Zusammenarbeit der differenzierten Elemente des Gesamtkrankenhauses erweist sich für den Patienten dadurch, daß er zu der seinem jeweiligen Versorgungsbedarf adäquaten Stelle im Krankenhaus gelangt. Die Grundlinien der Patientenwege werden in einem Funktionsschema (Abbildung 3) zusammengefaßt. Die damit zusammenhängenden wesentlichen Entscheidungsalternativen der patientengerechten differenzierten Versorgung sind aus dem Entscheidungsdiagramm (Abbildung 4) ersichtlich.

Sowohl die Abläufe für den Patienten als auch die Entscheidungen der Verantwortlichen in den einzelnen Betriebsstellen des Krankenhauses verdeutlichen, in welch hohem Maße gerade das nach Versorgungsstufen differenzierte Krankenhaus gehalten ist, sich als ein System von interdispendent arbeitenden Elementen zu verstehen.

Für das Gesamtkrankenhaus bedeutet die system- und arbeitsorientierte Gliederung des Pflege- und Behandlungsbereiches die Ablösung der klassischen fachdisziplinär bestimmten Einzelklinik durch das interdisziplinär bestimmte Gesamtkrankenhaus. Zentrales Element des gesamten Krankenhausbetriebes ist die Diagnostik- und Therapieklinik. Sie ist einmal verbunden mit den Elementen der vollstationären Unterbringungsmöglichkeiten der Patienten im Bereich der Intensiv-, Normal- und Langzeitpflege, zum anderen mit den Elementen der semistationären Versorgung, also dem Hostel sowie den Teilzeiteinrichtungen. Dabei steht die Diagnostik- und Therapieklinik auch für die Krankenhausambulanz zur Verfügung. Aufgabe der Versorgung, der Kommunikation und Information ist es, alle diese Einzelelemente zu einem Gesamtsystem Krankenhaus zu integrieren.

Abbildung 1: Systemdiagramm der Projektbearbeitung: Entlastung der stationären Krankenhausversorgung durch Differenzierung der Krankenhausaktivitäten nach vollstationärer und semistationärer Versorgung

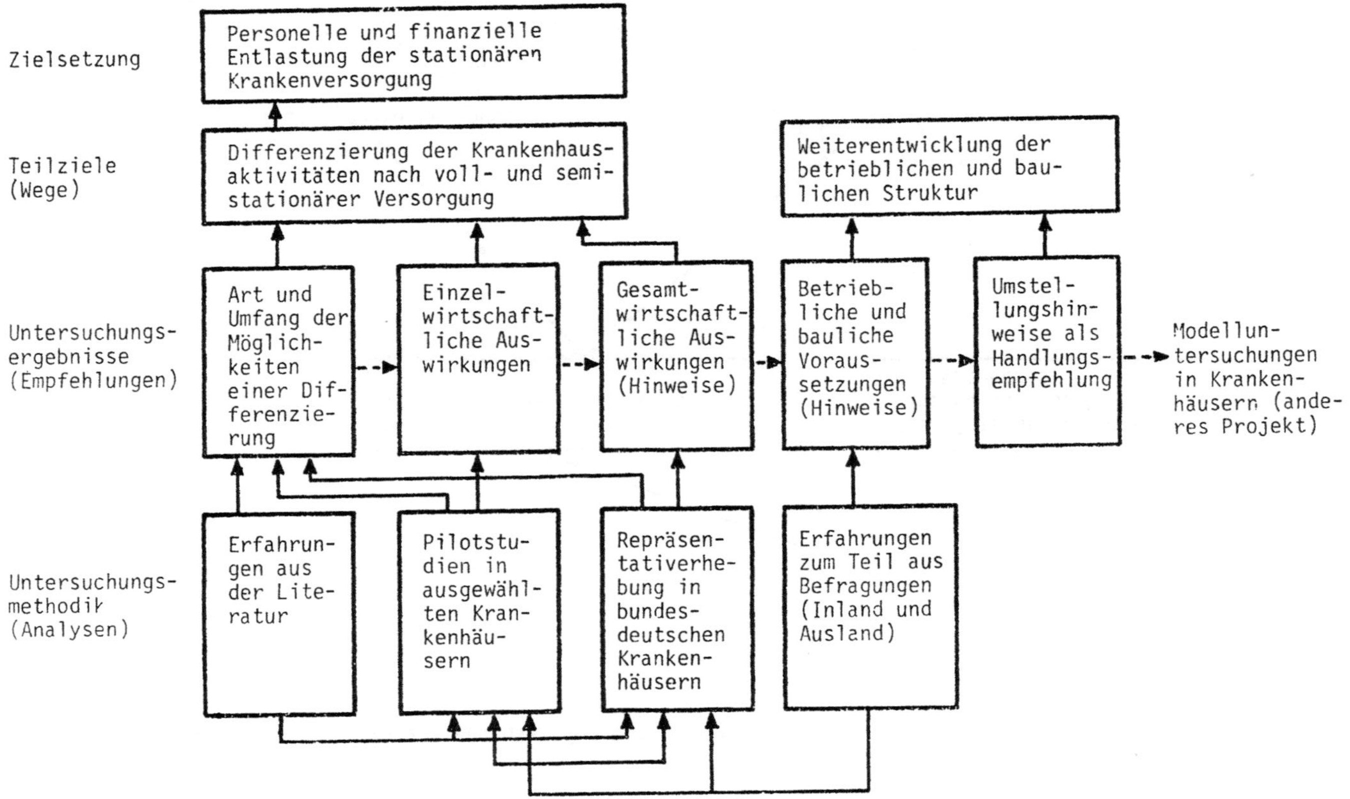

Abbildung 2: Differenzierungsstufen der Krankenhausversorgung

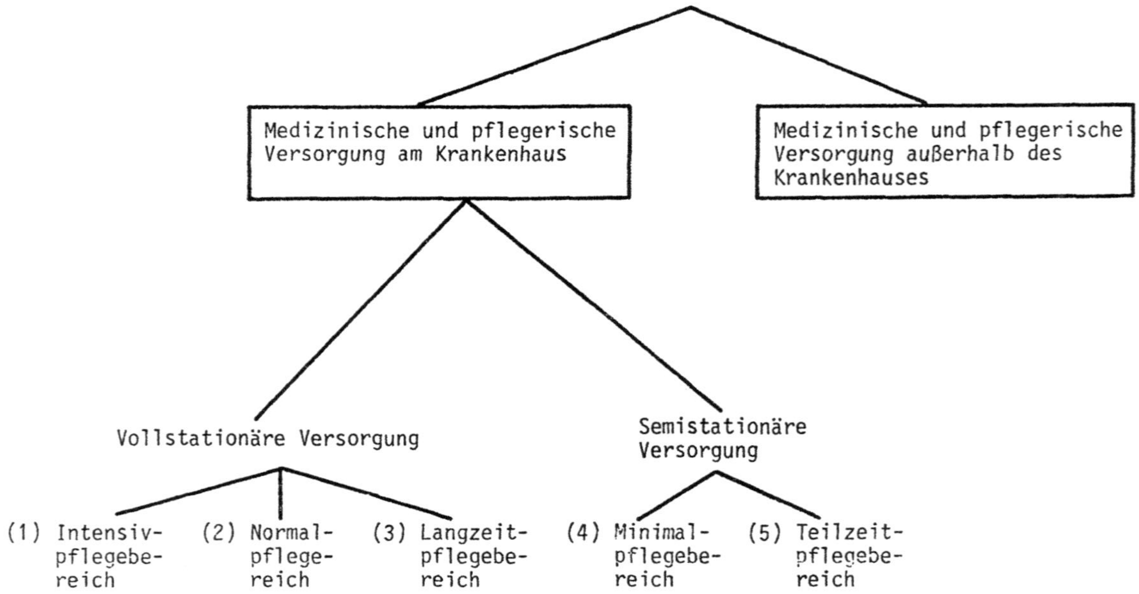

Abbildung 3: Funktionsschema für die Patientenwege zu den dem jeweiligen Versorgungsbedarf adäquaten Betriebsstellen des Krankenhauses

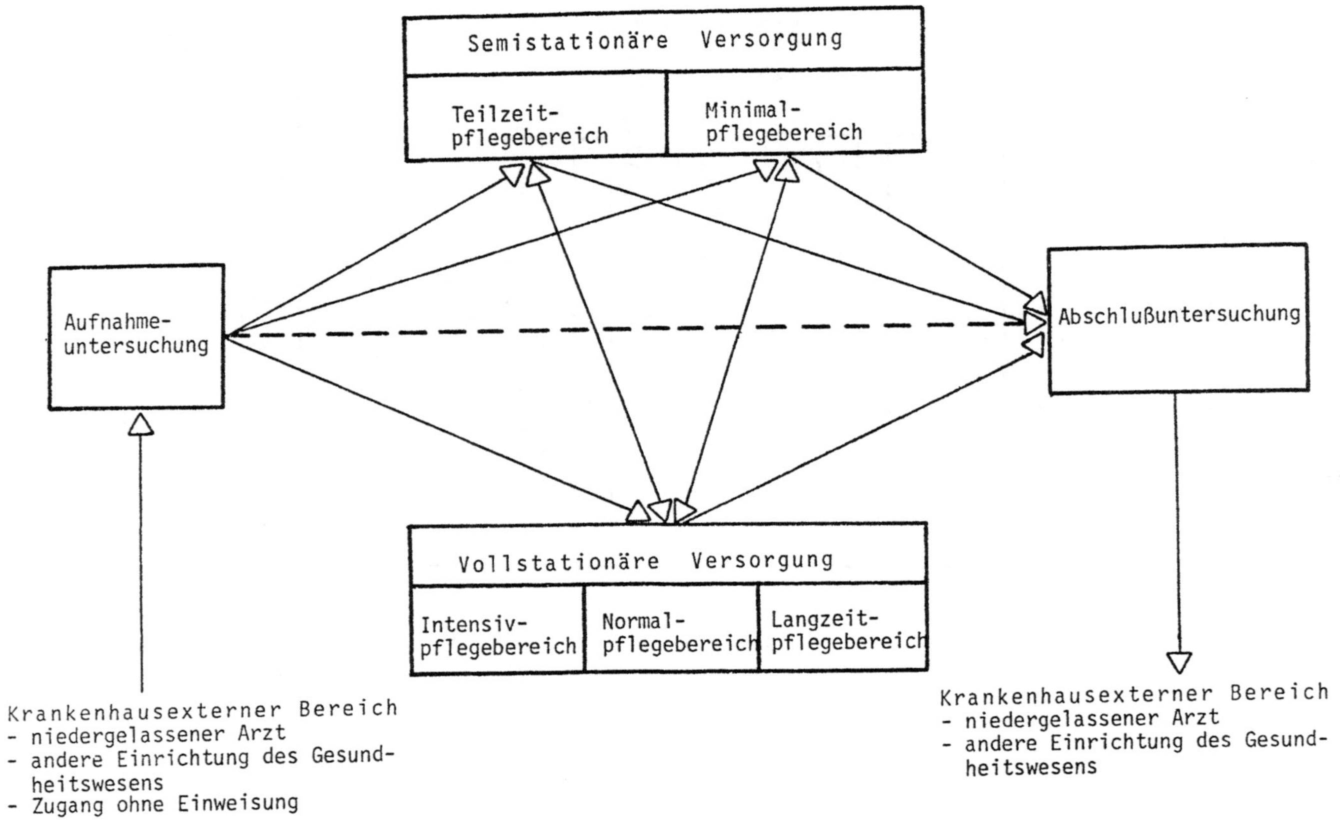

Abbildung 4: Entscheidungsdiagramm für den Ablauf der medizinischen Versorgung am Akutkrankenhaus bei Differenzierung nach Versorgungsintensitäten

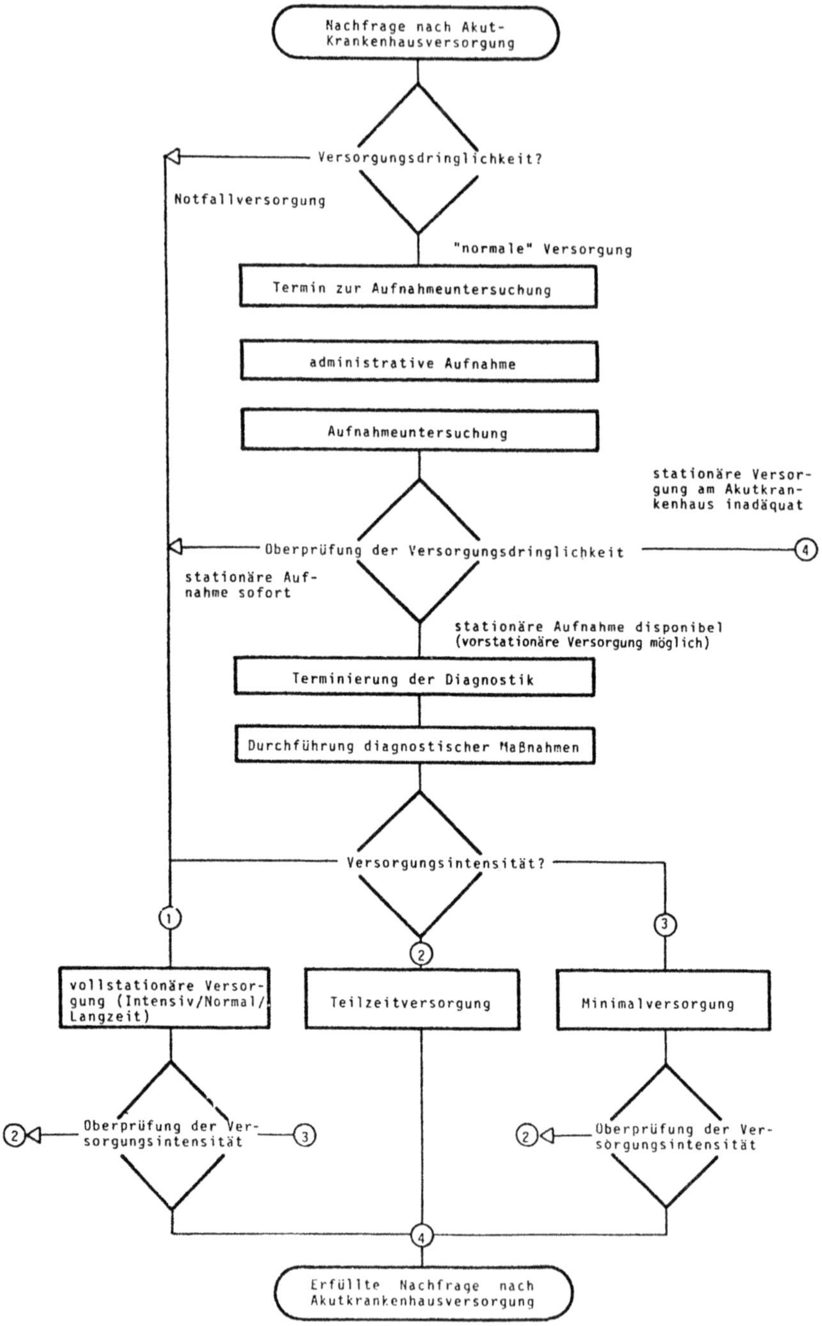

Tabelle 1: Struktur der gesamten Krankenhausaktivitäten, differenziert nach der Versorgungsintensität (1974)[1]

Versorgungskategorien / Aufenthaltstage	Aufenthaltstage in %
Vollstationäre Versorgung	75,5
Intensivpflege	4,9
Normalpflege	62,6
Langzeitpflege	8,1
Semistationäre Versorgung	16,9
Minimalpflege[2]	14,8
Teilzeitpflege	2,1
Krankenhausversorgung insgesamt	92,5
Versorgung von Alten und Pflegebedürftigen	0,2
Entbehrliche Krankenhausversorgung	7,3
Gegenwärtige Aktivitäten insgesamt	100,0

1) Ergebnisse der Pilotstudien

2) Minimalpflegetage sind hier nur insoweit berücksichtigt, als mindestens drei Minimalpflegetage zusammenhängend anfallen. Alle übrigen Minimalpflegetage wurden der Normalpflege zugerechnet.

Tabelle 2: Struktur der konzentrierten[1] Krankenhausaktivitäten, differenziert nach der Versorgungsintensität (1974)[2]

Versorgungskategorien \ Aufenthaltstage	Aufenthaltstage in %
Vollstationäre Versorgung	81,7
Intensivpflege	5,3
Normalpflege	67,7
Langzeitpflege	8,7
Semistationäre Versorgung	18,3
Minimalpflege[3]	16,0
Teilzeitpflege	2,3
Krankenhausversorgung insgesamt	100,0

1) Nach Entlastung von der Versorgung von Alten und Pflegebedürftigen und von entbehrlicher Krankenhausversorgung (vgl. Tabelle 1).

2) Ergebnisse der Pilotstudien

3) Minimalpflegetage sind nur insoweit berücksichtigt, als mindestens drei Minimalpflegetage zusammenhängend anfallen. Alle übrigen Minimalpflegetage wurden der Normalpflege zugerechnet.

Literaturverzeichnis

BOPP, S.W.: Zur Einführung der Progressivpflege in Universitätskliniken, Das Krankenhaus, 65 (1973) Nr. 1o, S. 393-399

FLAGLE, C.D.; LOCKWARD, H.; MOSS, J.; STRACHAN, J.: The progressive patient care hospital - Estimating bed needs (Publication based on the findings of a study of progressive patient care at Manchester Memorial Hospital. (Conn.) o.O. (1963) US-Department of Health Education and Welfare. Public Health Service, Publication Nr. 93o-C-2

LANGMAACK, H.: Semistationäre Behandlung von Patienten - Eine Entlastung des Krankenhauses ? Krankenhaus-Umschau 44 (1975) Nr. 4, S. 189-19o

PEARSON, D.A.; ROWE, D.S.; GOLDBERG, B.; SEIGEL, E.: Elements of progressive patient care in the Yale Health Plan HMO. Public Health Reports 9o (1975) Nr. 2, S. 119-125

RAMGE, C.; WUNDERLICH, H.: Organisatorische und bauliche Struktur des Pflegebereiches. Das Krankenhaus 63 (1971) Nr. 2, S. 64-69

RAMGE, C.; KELDENICH, K.: Änderung der Struktur im Pflegebereich der Krankenhäuser. Das Krankenhaus 64 (1972) Nr. 4, S. 139-143

RAMGE, C.: Effizienzverbesserung im Pflegedienst durch Umstrukturierung der pflegerischen Versorgung. Das Krankenhaus 66 (1974) Nr. 5, S. 2oo-2o4

SCHOBERTH, H.: Progressivpflege im modernen Krankenhaus. Deutsches Ärzteblatt 72 (1975) Nr. 36, S. 2471-2474

WEEKS, L.E.; GRIFFITH, J.R.; (Hrsg): Progressive patient care. An Anthology. Ann Arbor: Bureau of Hospital Administration. The University of Michigan, 1964

I. METZE

Institut für Finanzwissenschaft der Universität Münster
4400 Münster, Universitätsstraße 14-16

Probleme alternativer Angebotsstrukturen im Gesundheitswesen

1. Problemstellung

Das deutsche Gesundheitswesen besteht aus zwei nach gänzlich unterschiedlichen Prinzipien arbeitenden Teil(Sub)systemen. Während in dem einen Bereich, dem der niedergelassenen Ärzte, das marktwirtschaftliche Prinzip dominiert, ist in dem anderen Bereich, dem Krankenhauswesen, das sogenannte bürokratische Prinzip vorherrschend.

Die Zusammenarbeit beider Bereiche ist, wie die Diskussion um die Möglichkeiten einer Verbesserung der vor- und nachstationären Behandlung zeigt, als mangelhaft zu bezeichnen. Aber auch innerhalb der beiden Systeme zeigen sich erhebliche Mängel. So wird sowohl den niedergelassenen Ärzten als auch den Krankenhausträgern vorgeworfen, durch eine unzureichende Beachtung der Wirtschaftlichkeit bei der Versorgung der Patienten ihren Teil zur Steigerung der Kosten im Gesundheitswesen beizutragen.

Diese Feststellung besagt im Prinzip nichts anderes, als daß die im Gesundheitswesen bestehenden Steuerungsinstrumente ihre Aufgabe, die Produktion optimal zu lenken, unzureichend erfüllen. Es erscheint somit notwendig, die bestehenden Steuerungsinstrumente daraufhin zu untersuchen, welche Aufgaben sie zu erfüllen haben und welche Faktoren für die unzureichende Bewältigung der betreffenden Aufgaben verantwortlich sind.

Fragt man nach den Ursachen der als mangelhaft zu bezeichnenden Beachtung der Wirtschaftlichkeit im Gesundheitswesen, so stellt man fest, daß in beiden Systemen Verhaltensweisen zum Tragen kommen, die einen unwirtschaftlichen Einsatz von Ressourcen zur Folge haben. Allerdings bestehen hinsichtlich der Art der Unwirtschaftlichkeit beträchtliche Unterschiede, so daß die Frage entsteht, ob und inwieweit die in Teilbereichen entstehende Unwirtschaftlichkeit durch eine Kombination der Systeme vermieden werden kann.

2. Grundbedingungen der Optimalität

Betrachten wir zunächst die Bedingungen für eine optimale Allokation von Gesundheitsgütern. Grundsätzlich ist die Allokation von Gütern als optimal zu bezeichnen, wenn der erzielte Welfare-Effekt aus der Verwendung der Güter unter Berücksichtigung der Knappheit der Ressourcen maximal ist. Dieses als Pareto-Optimum bezeichnete Ergebnis wird dann erreicht, wenn folgende Bedingungen erfüllt sind:

- Das Verhältnis der Grenznutzen zweier beliebiger Güter der von den Konsumenten nachgefragten Güter muß bei allen Konsumenten dem gegebenen Preisverhältnis der Güter entsprechen (optimale Nachfragestruktur).

$$\frac{\partial u / \partial x_1}{\partial u / \partial x_2} = \frac{p_1}{p_2}$$

- Das Verhältnis der Güterpreise zweier beliebiger Güter muß bei allen Produzenten dieser Güter dem reziproken Wert der Transformationsrate der Güter sowie den durch Einsatz der Produktionsfaktoren entstehenden Grenzkosten der Güter entsprechen (Optimalität der Produktionsstruktur bei Wettbewerb, Tauschoptimum).

$$\frac{p_1}{p_2} = \frac{dx_2}{dx_1} = \frac{\partial F / \partial x_1}{\partial F / \partial x_2}$$

- Das Verhältnis der Faktorpreise muß für alle Faktoranbieter gleich sein und bei allen Produzenten dem Wert des Grenzproduktes entsprechen (Minimalkostenkombination, Optimalität des Faktoreinsatzes bei Wettbewerb).

$$\frac{q_1}{q_2} = \frac{dv_2}{dv_1} = \frac{\partial F/\partial v_1}{\partial F/\partial v_2}$$

Die gesellschaftspolitische Beurteilung eines Produktionssektors - hier des Gesundheitswesens - macht es also erforderlich zu prüfen, ob und aufgrund welcher Faktoren gegen diese Grundbedingungen der Optimalität verstoßen wird.

Ob und in welchem Umfange in der Realität Abweichungen von den genannten Optimalitätsbedingungen entstehen, hängt einerseits von der Zielfunktion sowie dem Entscheidungsspielraum der Entscheidungsträger über Konsum und Produktion - also die Nachfrage und das Angebot an Gesundheitsleistungen - ab. Andererseits aber auch davon, ob die Entscheidungsträger in der Lage sind, also über die notwendigen Informationen verfügen, um die ihnen zugedachte Funktion - Realisierung der Optimalitätsbedingungen - zu erfüllen.

3. Arten der Lenkung

Grundsätzlich kann die Lenkung eines Wirtschaftsprozesses und damit auch die Allokation von Gesundheitsgütern sowohl durch Steuerung als auch durch Regelung des Wirtschaftsablaufes erreicht werden. Gliedert man sowohl das Angebot als auch die Nachfrage nach Gesundheitsgütern danach auf, welches Lenkungsinstrument dominiert, so ergeben sich die vier in Schaubild 1 dargestellten Möglichkeiten einer Lenkung der Allokation von Gesundheitsgütern.

Von einer Dominanz der Lenkung durch Regelkreise wird hierbei dann gesprochen, wenn die individuellen Verhaltensweisen der Entscheidungsträger über Angebot und Nachfrage die Funktion eines Reglers haben. Eine zur Einhaltung der Optimalbedingungen notwendige Korrektur von Produktions- und Verbrauchsplänen erfolgt in diesem Falle aufgrund eines systemimmanenten Feedback.

Ein Beispiel hierfür ist das Gewinnstreben privater Anbieter, durch das die Realisierung der Minimalkostenkombination ohne Eingriffe von außen quasi automatisch sichergestellt wird. Entsprechend ergibt sich aus dem Nutzenstreben der individuellen Nachfrager automatisch ein gesellschaftliches Nutzenmaximum, wenn rationales Verhalten vorherrscht.

Eine Dominanz der Lenkung durch Steuerung liegt demgegenüber dann vor, wenn die allokativen Ziele durch eine Zentrale vorgegeben werden. Produktion und/oder Konsumtion erfolgen auf der Grundlage zentraler Pläne, die genaue Anweisungen darüber enthalten, wie sich die individuellen Entscheidungsträger zu verhalten haben. Eine aufgrund von Beobachtungen über den Erfolg der Steuerung notwendige Revision der Planvorgaben - Abweichung der Ist-Ergebnisse vom Soll - erfolgt nicht durch einen "Feed-back", sondern durch "Feed-forward" (Handsteuerung statt automatischer Regelung).

So erfolgt die Beseitigung von Ungleichgewichten auf Märkten, auf denen das Angebot durch eine zentrale Bedarfsplanung erfolgt, nicht mehr automatisch, sondern hier ist es notwendig, daß die zentrale Planungsinstanz über das Auftreten eines Ungleichgewichtes zunächst informiert wird. Die Beseitigung des Ungleichgewichtes wird dann über eine Korrektur der Anweisungen an die individuellen Entscheidungsträger - also eine Revision der Planvorgaben - erreicht.

Möglichkeiten der Organisation der Allokation

		Bestimmung der Nachfrage	
		individuell (Konsumentenpräferenzen)	kollektiv (pol.Präferenzen)
Bestimmung des Angebots	individuell (Unternehmen)	$R_A R_N$	$R_A S_N$
	kollektiv (Betriebe)	$S_A R_N$	$S_A S_N$
Koordinationsinstrumente Regelung (R) und Steuerung (S), Index A bzw. N bezeichnet, ob das Instrument für das Angebot oder die Nachfrage gilt.			

Die angeführten vier grundsätzlichen Möglichkeiten der Organisation der Allokation lassen sich, bezogen auf die Allokation von Gesundheitsleistungen, durch die folgenden jeweils dominierenden Eigenschaften charakterisieren:

Fall 11: Sowohl das Angebot als auch die Nachfrage nach Gesundheitsgütern ist individuell organisiert. Die Höhe des Umsatzvolumens der Gesundheitsleistungen produzierenden ärztlichen Produzenten wird ausschließlich von den Wertschätzungen der einzelnen Gesundheitsgüter durch die individuellen Nachfrager bestimmt (Dominanz der Konsumentenpräferenzen). Die Produktion wird in "Gesundheitsunternehmen" erstellt, deren Inhaber nach Gewinnen streben und damit Unternehmerfunktionen erfüllen. Der Austausch der Güter erfolgt über die Preise, die sich entweder am Markt bilden (reine Marktpreise) oder das Ergebnis von Verhandlungen darstellen (Gebührenordnungen). Die individuellen Verhaltensweisen bewirken also automatisch Kostenminimierung und Nutzenmaximierung. Es besteht somit Zielkonformität zwischen den individuellen Zielsetzungen der Entscheidungsträger und der gesellschaftlichen Zielvorgabe.

Fall 12: Die Höhe des Umsatzvolumens - und damit des Anteils der Ausgaben für Gesundheitsleistungen am Sozialprodukt - wird zentral entsprechend kollektiven (politischen) Präferenzen, die aus Sozialindikatoren oder den individuellen Präferenzen herzuleiten sind, festgelegt (Honorarvolumen). Die Produktion wird jedoch weiterhin in "Gesundheitsunternehmen" erstellt, die nach Gewinnen streben. Die Abgabe der Leistungen durch die Anbieter - also die Ärzte - erfolgt jedoch unter Beachtung zentral festgelegter Zugangsregelungen. Preise sind lediglich Instrument zur Steuerung des Angebots (pretiale Lenkung des Angebots). Für die Höhe der individuellen Nachfrage haben sie keine oder lediglich eine untergeordnete Bedeutung (Rezeptgebühr).

Fall 21: Die Höhe des Umsatzvolumens richtet sich nach den individuellen Wertschätzungen der Konsumenten. Die Steuerung des Angebots erfolgt dagegen auf der Grundlage von Produktionsplänen, die in öffentlichen oder gemeinnützigen Einrichtungen, beispielsweise in Krankenhäusern oder Ambulatorien, realisiert werden. Die Freiheit der Produzenten über die Auswahl der Produktionsmethode ist infolge der Vorgabe von Richtwerten über Personal- und Ausstattungsstandards gering. Die Höhe der entstehenden Kosten ist bei dieser Lenkungsmethode also durch die Zentralinstanz festgelegt. Die Beziehung zwischen Preisen und Kosten kann sehr lose sein. Die Preise sind lediglich Instrument zur Lenkung der Nachfrage (pretiale Nachfragesteuerung).

Die Finanzierung der Produktion erfolgt deshalb bei dieser Form der Organisation des Angebots oftmals nicht mehr durch einen die Gesamtkosten deckenden Preis, sondern durch teils von der Höhe der abgegebenen Leistungsmengen abhängige Einnahmen zur Deckung der variablen Kosten (Pflegesätze) sowie einmalige, zentrale Zuweisungen zur Modernisierung und Erweiterung des Anlagebestandes (Kosten des Leistungspotentials).

Dominierendes Ziel der individuellen Entscheidungsträger ist nicht mehr Gewinnerzielung, sondern, wie Untersuchungen über die Verhaltensweise von Entscheidungsträgern im öffentlichen

Bereich zeigen, als Budgetmaximierung zu kennzeichnen. Hierdurch entsteht die Gefahr einer Vernachlässigung der Wirtschaftlichkeit. Die Kosten der Produktion steigen über das notwendige Ausmaß an.

Fall 22: Wird diese Lenkungsmethode angewendet, so wird sowohl die Nachfrage als auch das Angebot zentral gesteuert. Die Leistungen werden entsprechend zentral erstellten Bedarfs- und Produktionsplänen durch öffentliche Einrichtungen oder Verwaltungen, in denen angestellte Ärzte als Leistungserbringer tätig sind, erstellt. Die Abgabe der Leistungen erfolgt nach Maßgabe zentraler Zugangsregelungen. Ein Beispiel hierfür ist der öffentliche Gesundheitsdienst.

Da die Verhaltensweisen der individuellen Entscheidungsträger häufig eine Ausweitung der Kosten bewirken, wird die Minimalkostenkombination nicht automatisch realisiert. Die Divergenz zwischen individueller und kollektiver Zielsetzung erfordert demnach spezielle Maßnahmen zur Sicherung der Effizienz der Produktion. Die Effizienz der Produktion muß durch Vorgabe von Richtwerten über Personal, Material und Art der Ausstattung sichergestellt werden. Eine Realisierung des technischen Fortschritts erfolgt auf der Grundlage von Wirtschaftlichkeitsanalysen und Modellversuchen.

Die angeführten vier Lenkungsmethoden sollen nun auf ihre Eignung zur Lenkung der Allokation im Gesundheitswesen untersucht werden. Hierbei geht es im wesentlichen um die Frage, wodurch Abweichungen von dem jeweils angestrebten Allokationsoptimum ausgelöst werden können, welche Bedeutung diesen "Störvariablen" zukommt und wie ihre Auswirkung auf das Ergebnis eliminiert werden kann.

4. Zielfunktion der Entscheidungsträger

Solange man das Eigennutzaxiom als Grundregel menschlichen Verhaltens als realistisch unterstellen kann, werden Wirtschaftssubjekte unabhängig von ihrer Stellung danach streben, ihren Nutzen unter Berücksichtigung der entstehenden Kosten zu steigern. Allgemein kann man folgende Zielfunktion eines Entscheidungsträgers als realistisch ansehen:

$$u_i = f \text{ (verfügbare Gütermenge, Macht, Prestige, Sicherheit, Freizeit) } = \max!$$

$$= f\ (x_1, x_2, x_3, x_4, z) = \max!$$

wobei diese Faktoren allerdings nicht isoliert nebeneinander stehen, sondern sich gegenseitig beeinflussen.

Nehmen wir an, daß eine gegenseitige Abhängigkeit zwischen den Variablen nicht vorliegt und Güter (x_1), Macht (x_2), Prestige (x_3) und Sicherheit (x_4) allein durch Verzicht auf Freizeit erreichbar sind, so ist der Welfare eines Wirtschaftssubjektes maximal, wenn

$$\frac{\partial u / x_i}{\partial u / \partial z} = - \frac{\partial z}{\partial x_i} \qquad i = 1,2,3,4$$

also das Verhältnis der Grenznutzen dieser Zielkomponenten und dem Grenznutzen der Freizeit der jeweiligen Transformationsrate entspricht.

Welche Werte die einzelnen Komponenten der Zielfunktion eines Entscheidungsträgers annehmen - also über wieviel Güter, Macht, Prestige, Sicherheit und Freizeit ein Wirtschaftssubjekt letztlich verfügt - wird von zwei Faktoren bestimmt, nämlich

- den aus einer Veränderung der einzelnen Faktoren resultierenden Nutzen bzw. Kosten,die im wesentlichen von der Faktorausstattung des Entscheidungsträgers bestimmt werden. Dies sind die Höhe seines Kapitalvermögens, seiner Arbeitsqualifikation, seine Arbeitsfreude, sein Machtbedürfnis etc.

Es handelt sich also um kurzfristig nur beschränkt veränderbare Werte;

- der durch gesetzliche, institutionelle oder technische (natürliche) Rahmenbedingungen gegebenen Transformationsrate der einzelnen Komponenten. So sind beispielsweise die Möglichkeiten einer Veränderung des Einkommens durch eine Veränderung der Arbeitszeit oder die Einführung kostensparender Produktionsverfahren bei Gehaltsempfängern und Unternehmern unterschiedlich.

Eine der wesentlichen Aufgaben einer auf dem Eigennutzaxiom basierenden ökonomischen Forschung ist nun darin zu sehen,herauszufinden, welche Auswirkung die Variation einzelner Parameter der Zielfunktion auf den gesellschaftlichen Wohlstand hat. Es muß versucht werden, Angebot und Nachfrage in einer Weise zu organisieren, daß das Eigennutzstreben der einzelnen Entscheidungsträger eine Maximierung des gesellschaftlichen Nutzens bewirkt (Ehrenämter, Berufsethos bei Medizinern, Auszeichnungen bei gesellschaftlichem Wohlverhalten).

5. Möglichkeiten der Nachfrageoptimierung

Betrachten wir zunächst den Bereich der Nachfrage nach Gesundheitsgütern. Eine Verletzung der Optimalitätsbedingung (Bedingung 1) tritt bei einer Lenkung der Nachfrage durch die Konsumentenpräferenzen (Dominanz der Regelung) hier aus zwei Gründen ein:

Erstens sind die Nachfrager nach Gesundheitsleistungen nur in beschränktem Umfange dazu in der Lage, den Wert einzelner Gesundheitsleistungen richtig zu beurteilen. Dies liegt teils an der nicht vorhandenen Kenntnis (Information) über den Gesundheitswert einzelner Leistungen, teils an dem dadurch verstärkt möglichen Einfluß der Anbieter auf die Höhe und Struktur der nachgefragten Leistungen (Werbung), teils aber auch an irrationalen Verhaltensweisen der Nachfrager (übermäßiger Tablettenkonsum).

Zweitens kann der Preis die ihm zugedachte Lenkungsaufgabe in diesem Wirtschaftsbereich nur unzureichend erfüllen, weil die von den Nachfragern zu zahlenden Preise bei Anwendung des Kostenerstattungsprinzips (de-fakto-null-Preis) nicht den Kostenpreisen entsprechen.

Dies hat zur Folge, daß die Konsumenten ihre Nachfrage ohne Rücksicht auf die Kosten bis zur Sättigungsmenge ausdehnen. Ein moralischer Appell an die Nachfrager (moral suasion), verschwenderischen Umgang mit Gesundheitsgütern zu vermeiden, scheitert daran, daß die tatsächlich entstehenden Kosten im Regelfalle unbekannt sind. Eine Ausnahme gilt nur für Personen, die nach dem Kostenerstattungsverfahren abrechnen. Außerdem hat sich gezeigt, daß sich bei einer Information über die Höhe der durch die Nachfrage nach Gesundheitsleistungen verursachten Kosten ein Rendite-Denken (free-rider-Verhalten) einstellt, durch das eine unter wirtschaftlichen Gesichtspunkten nicht berechtigte Nachfrage sogar gefördert wird.

Das im Bereich der Nachfrage nach Gesundheitsleistungen vorhandene Lenkungsdefizit läßt sich grundsätzlich auf zweierlei Weise beheben, nämlich

a) durch eine Aktivierung des Marktmechanismus über

- die Bereitstellung der notwendigen Informationen über den Gesundheitswert einzelner Leistungen, beispielsweise durch institutionelle Trennung von Diagnose und Therapie,
- einen verstärkten Rückgriff auf Preise als Lenkungsinstrument durch Einführung von Gebühren oder einer Selbstbeteiligung an den Kosten von Diagnose und/oder Therapie;

b) durch Übernahme der den Nachfragern zugedachten Funktion durch den Anbieter.

Die zuletzt genannte Lösung macht es erforderlich, das Angebot so zu organisieren, daß sich der Anbieter bei der Abgabe medizinischer Leistungen ausschließlich an dem unter Beachtung der Kosten gegebenen Gesundheitswert der Leistungen orientiert. An die Stelle des Preises als Ausschlußkriterium müssen andere Zugangskriterien treten. Bei Zieldivergenz zwischen individueller und kollektiver Zielsetzung muß der Anbieter hinsichtlich seines gesellschaftskonformen Verhaltens - z.B. der Beachtung der Wirtschaftlichkeit bei der Behandlung - überprüft werden. Dies erfordert die Entwicklung von überprüfbaren Verhaltensrichtlinien.

Während das Lenkungsdefizit im ersten Falle durch eine Verbesserung marktwirtschaftlicher Instrumente erreicht wird, also unter Beibehaltung des Interessengegensatzes von Anbietern - teuer verkaufen - und Nachfragern - billig kaufen (mündiger Patient)-,wird im zweiten Falle auf den Marktmechanismus im Bereich der Nachfrage verzichtet.

6. Probleme individueller Angebotsorganisationen

Der Vorteil einer individuellen Organisation des Angebots ist im wesentlichen in dem durch das Gewinnstreben der einzelnen Anbieter wirksam werdenden Regelkreis zu sehen. Einerseits wird hierdurch erreicht, daß die Produktion automatisch an die Nachfrage angepaßt wird, da jeder Anbieter versuchen wird, bei steigender Nachfrage entstehende Gewinnchancen auszunutzen und bei sinkender Nachfrage Verluste durch nicht absetzbare Lagerbestände zu vermeiden.

Andererseits ist jeder Anbieter bestrebt, das jeweils kostengünstigste Produktionsverfahren anzuwenden, da sich kostensenkende Maßnahmen in einem Anstieg der Gewinne niederschlagen. Die Motivation zur Entwicklung, Anwendung und Übernahme (Invention, Innovation und Imitation) neuer Produktionsverfahren ist demzufolge außerordentlich stark. Man spricht von einer hohen Kosten- und Wachstumseffizienz.

Diesen Vorteilen einer individuellen Angebotsorganisation stehen mögliche gesellschaftliche Nachteile in Form von überdurchschnittlichen Gewinnen gegenüber. Derartige Effekte sind als Störkosten des bestehenden Regelkreises zu betrachten. Liegen beispielsweise die Gewinneinkommen aller Anbieter über den unter Beachtung des Arbeits- und Kapitaleinsatzes als angemessen zu bezeichnenden Gewinnen, so ist nach Maßnahmen zu suchen, durch die diese "Störkosten" gesenkt werden können. Dies kann entweder durch eine Erhöhung der Effizienz der bei individueller Angebotsorganisation bestehenden Regelkreise - Aktivierung des Wettbewerbs durch eine Änderung der Marktorganisation (Trennung von Diagnose und Therapie) oder eine kollektive Begrenzung des Bruttoproduktionswertes des Wirtschaftsbereiches (Begrenzung des Honorarvolumens) oder durch Übergang zu einem anderen Lenkungsmechanismus, der kollektiven Angebotssteuerung, geschehen.

Während hohe Gewinne aller Anbieter Störkosten der optimalen Allokation darstellen, sind hohe Gewinne einzelner Anbieter jedoch ein Indiz für ein hohes innovatorisches Potential. In diesem Falle kann also nicht von einem Versagen des Lenkungsmechanismus gesprochen werden. Hier genügt es, Maßnahmen zu treffen, durch die die Dauer der Imitationsphase abgekürzt wird.

Vielfach wird die Existenz unterschiedlicher Kostenstrukturen als Beweis einer ineffizienten Allokation angesehen, da die Minimalkostenkombination nicht in allen Unternehmen verwirklicht ist. Diese Schlußfolgerung ist jedoch nur bei einer statischen Betrachtung richtig. Gleiche Kostenstrukturen sind in einem sich dynamisch entwickelnden - wachsenden - Wirtschaftsbereich aber deshalb nicht möglich, weil ständig neue Produktionsverfahren ausprobiert, also auf ihre Wirtschaftlichkeit getestet werden, deren Übernahme durch andere Unternehmungen aber infolge der entstehenden Übernahmekosten erst allmählich erfolgt. Störkosten der Allokation treten erst dann auf, wenn der Prozeß der Imitation länger dauert als ökonomisch als optimal anzusehen ist (volkswirtschaftlich optimale Abschreibung).

7. Probleme kollektiver Angebotsorganisation

Der Vorteil einer kollektiven Organisation des Angebots ist im wesentlichen in den Möglichkeiten einer zentralen Steuerung der Produktionspläne der einzelnen Anbieter (Betriebe) sowie der Beseitigung von Gewinneinkommen zu sehen.

Die Entscheidungen über die Sachausstattung der Betriebe werden jetzt nicht mehr dezentral - also in den Betrieben - getroffen, sondern von einer zentralen Instanz aufgrund von Anforderungen der Betriebe vorgenommen. Wer welche Mittel erhält, entscheidet die Zentrale nach einer gesellschaftlichen Prioritätenskala (Universitätskliniken, Pflegeheime).

Aber auch die Entscheidungen über die übrigen Kosten erfolgen zentral, auch wenn die Anforderungen von den Betrieben angemeldet werden. In welchem Umfange die Zentrale die Wünsche der Betriebe erfüllt - dies kann indirekt auch durch die Genehmigung von Gebühren (Pflegesätze) erfolgen -, richtet sich im Regelfalle danach, ob bestimmte Richtwerte eingehalten werden, mit deren Hilfe die Wirtschaftlichkeit beurteilt wird (Personalrichtwerte, Verbrauchsrichtwerte).

Die Problematik dieser Form der Organisation des Angebots besteht darin, daß eine Realisierung der Minimalkostenkombination infolge fehlender Regelkreise nicht automatisch gesichert ist. Bezogen auf das Gesundheitswesen gilt dies sowohl hinsichtlich der zur Behandlung eingesetzten Einzelleistungen als auch der durch die Produktion dieser Leistungen verursachten Kosten.

Dieser Mangel ist im wesentlichen dadurch bedingt, daß die individuelle Zielsetzung der Entscheidungsträger keine den Produktionsprozeß regelnde Wirkungen hat. Dies ist eine Folge der Zieldivergenz zwischen individuellen und kollektiven Zielfunktionen. Man kann vielmehr davon ausgehen, daß die Verwirklichung der individuellen Ziele der Entscheidungsträger sogar eine Unwirtschaftlichkeit der Produktion zur Folge hat.

Dies ist darauf zurückzuführen, daß individuelle Nutzensteigerungen erzielbar sind, ohne daß für den individuellen Entscheidungsträger Kosten entstehen. So wird ein Betriebsleiter, wegen des damit verbundenen Prestigeeffektes, immer daran interessiert sein, seinen Betrieb mit den modernsten Apparaten auszustatten, und zwar ohne Rücksicht auf ökonomische Rentabilität. Auch wird er bestrebt sein, seine Mitarbeiter so gut wie nur eben möglich zu entlohnen, da hierdurch ein positiver Einfluß auf das Betriebsklima entsteht. Auch eine Ausdehnung des Personalbestandes hat positive Effekte auf den individuellen Welfare der jeweiligen Entscheidungsträger. Einerseits sinkt die Arbeitsbelastung der Mitarbeiter, was das Betriebsklima verbessert, andererseits signalisiert eine hohe Zahl von Mitarbeitern hohe Verantwortung und stellt damit eine Berechtigung für eine Einkommenssteigerung dar.

Die hierdurch entstehende Auswirkung auf die Effizienz der Produktion erklärt, daß die zentrale Steuerungsinstanz auf eine Einschränkung des Entscheidungsspielraumes sowie eine Kontrolle der dezentral getroffenen Entscheidungen bedacht sein muß, wodurch allerdings gleichzeitig eine Verringerung der Dynamik des Produktionsprozesses entsteht. Wie die Erfahrung mit der Tätigkeit der Rechnungshöfe zeigt, sind die Erfolge dieser Wirtschaftlichkeitskontrolle allerdings keineswegs ermutigend. Weiterhin muß die zur Realisierung wirtschaftlichen Wachstums notwendige Dynamik bei dieser Art der Lenkung des Produktionsprozesses durch zentral geplante und in ihren Wirkungen überprüfbare "wissenschaftliche"Modellversuche - quasi als Marktsimulation - institutionalisiert werden.

Bei beiden Organisationsformen treten also Störfaktoren auf, die Gegenmaßnahmen notwendig machen. Keine der genannten Lenkungsformen funktioniert störungsfrei. Wie das Angebot zu organisieren ist, hat sich letztlich danach zu richten, welche Kosten durch die Beseitigung der auftretenden Störungen bei Konstanz der Organisationsstruktur entstehen. Danach wäre die Organisationsform der Allokation zu suchen, die die geringsten Störkosten verursacht (optimale Organisationsstruktur).

Das Ziel dieser Arbeit besteht darin, auf die bei den einzelnen Lenkungsformen entstehenden Störkosten aufmerksam zu machen und darauf hinzuweisen, daß eine Erforschung und Berücksichtigung der Störkosten in den zur Lenkung des Gesundheitswesens zu entwickelnden Modellen unabdingbar erscheint. Die Störkosten marktwirtschaftlicher Regelkreise sind weitgehend bekannt (Übergewinne, überdurchschnittliche Einkommen). Dies gilt dagegen nicht für die kollektive Angebotssteuerung. Hier gilt es zu untersuchen, inwieweit Regelkreise geschaffen werden können, durch die die durch die Steuerung entstehenden Kosten vermieden werden können.

Hierbei wird auch zu prüfen sein, ob sich durch eine Kombination der genannten Lenkungsinstrumente gesellschaftliche Vorteile durch eine Verringerung der entstehenden Störkosten erreichen lassen. Konkret handelt es sich hierbei um die Frage, ob sich durch eine Beschränkung der Steuerung im Bereich der stationären Behandlung auf eine Globalsteuerung, wie sie gegenwärtig im Bereich der ambulanten Behandlung angewendet wird, Kosteneinsparungen und damit Wohlfahrtsgewinne erzielt werden können.

J. BERGER, J. QUANDER und A. ROJAHN

Universitäts-Krankenhaus Eppendorf, 2000 Hamburg 20, Martinistr. 52

Kosten der Tollwutbekämpfung in der Bundesrepublik Deutschland (BRD) 1976

Einleitung

Die Tollwut stellt in zwei Drittel der europäischen Staaten gegenwärtig die bedeutendste virusbedingte Zoonose dar, wobei seit dem letzten Krieg die silvatische Form dieser Seuche vorherrscht. Zwar sind in dem Zeitraum 1950 bis 1976 nur acht menschliche Tollwutfälle in der BRD zu verzeichnen gewesen, doch kommen jährlich Tausende von Menschen in einen derart engen Kontakt mit tollwutkranken Tieren, daß eine Wutschutzbehandlung notwendig wird. Mit 8.638 Neuausbrüchen bei Tieren erreichte die Tollwut im Jahre 1976 im Bundesgebiet ihr bisheriges Maximum.

Publikationen über den monitären Verlust, der durch diese Seuche bedingt wird, liegen bisher nicht vor. Mit Unterstützung der Weltgesundheitsorganisation wurde für die Jahre 1972 bis 1974 einschließlich eine Kostenanalyse im Bundesland Nordrhein-Westfalen (NRW) durchgeführt (2). Bei dieser Analyse wurden die im Zusammenhang mit der Tollwutbekämpfung anfallenden administrativen Kosten bei der Landesregierung und den 5 Regierungspräsidien für die einzelnen Jahre ermittelt und in einem ausgesuchten Studiengebiet - 9 Städte bzw. Kreise umfassend - wurde auf der Ebene der unteren Verwaltungseinheiten mittels standartisierter Fragebogen gezielt die entstehenden Kosten monatlich erfaßt. Ferner wurden alle 1.842 Personen, die in dem Zeitraum im Bundesland NRW mit tollwütigen Tieren in Kontakt gekommen waren, durch Interviewer anhand eines Fragebogens über die Art des Kontaktes, der ärztlichen Behandlung, der aufgetretenen Schäden und der wirtschaftlichen Verluste befragt. Insgesamt gesehen ließen sich die mit dem Tollwutgeschehen zusammenhängende Kosten in folgende Kategorien untergliedern:

I. Kosten der Verwaltung

1. Kosten der Landesregierung
2. Kosten der Regierungspräsidien
3. Kosten der unteren Verwaltungsbehörden (Stadt- und Landkreise)

II. Fallbezogene Kosten

1. Kosten der Seuchenermittlung und Feststellung
2. Kosten der Diagnostik

III. Volkswirtschaftliche Verluste durch an Tollwut gefallene Tiere

IV. Kosten für Präventivmaßnahmen

1. Schutzimpfung bei Tieren
2. Wutschutzimpfung bei Menschen
3. Maßnahmen zur Ausdünnung der Fuchspopulation
   3.1 Auszahlung von Abschußprämien
   3.2 Begasung von Fuchsbauen

Material und Methode

Für die angestrebte Kostenrechnung wird auf folgende Quellen zurückgegriffen:

1. Anhand der Tierseuchenberichte (9) werden die 1976 gemeldeten Tollwutfälle pro Tierart und Kreis herausgezogen.
2. Die Einwohnerzahl und Gebietsfläche pro Kreis und Stadt wird aus dem statistischen Jahrbuch 1976 (8) entnommen.
3. Die im Jahr 1976 angefallenen Kosten für die Auszahlung von Abschußprämien und für die Fuchsbaubegasung werden von den zuständigen Länderministerien erfragt.
4. Da für die anderen Kostenfaktoren keine amtlichen Statistiken geführt werden, die im Studiengebiet von NRW durchgeführten detaillierten Kostenerhebungen sehr arbeits- und zeitaufwendig sind und daher nicht in anderen Gebieten widerholt werden konnten, werden für die Kostenrechnung die in dieser Studie erarbeiteten Kostenrelationen verwandt bzw. durch weitere in der Literatur gefundene Zahlenangaben ergänzt. Somit ergeben sich folgende Annahmen bzw. Faktoren für die Kostenrechnung:

   4.1 Kosten der Verwaltung: Für die Kosten der Landesregierungen, die im Zusammenhang mit dem Erlaß von Gesetzen, Verordnungen und Durchführungsbestimmungen zum Schutze gegen die Tollwut stehen, wird der im Studiengebiet ermittelte Durchschnittswert von 23.022 DM in Ansatz gebracht; für Kosten der Regierungspräsidien, die sich im Studiengebiet als von der Einwohnerzahl, der Gebietsfläche und in geringerer Weise auch von der epidemologischen Situation als anhängig erwiesen, wird der Mittelwert von 7.090 DM herangezogen. Für die Ausgaben der unteren Verwaltungsebene erwies sich der Bezug auf die Einwohnerzahl des Gebietes unter Berücksichtigung der epidemiologischen Situation als geeignet, so daß man in ländlichen Gebieten - weniger als 1.100 Einwohner pro km^2 - in tollwutfreien Zeiten mit 4,10 DM pro 1.000 Einwohner, in Gebieten mit weniger als 5 Tollwutfällen mit 23,40 DM und in Gebieten mit 5 oder mehr Tollwutfällen mit 45,40 DM pro Jahr rechnen muß. In den städtischen Gebieten lagen diese Kosten auch in tollwutfreier Zeit mit 26,70 DM pro 1.000 Einwohner erheblich höher als in ländlichen Regionen. Diese Mehrkosten lassen sich nach den Autoren mutmßlich auf die höhere Mobilität der Städter zurückführen, die, in Verbindung mit den internationalen Einfuhrbestimmungen von Tieren im Resiseverkehr, zu einer entsprechend vermehrten Impfung von Hunden gegen Tollwut und somit zur Ausstellung entsprechender Gesundheitszeugnisse durch die Veterinär-Ämter führt.

4.2 Die Kosten für die Seuchenermittlung und Feststellung beinhalten Arbeitszeit, Kilometergeld, Verpackungs- und Transportkosten und schwankten im Studiengebiet zwischen 66,- und 133,- DM pro Fall. Für diese Kostenrechnung werden sie mit dem Durchschnittswert von 86,80 DM angesetzt.

4.3 Die Kosten für die Labordiagnose werden pro Fall mit 61,43 DM berechnet und beinhalten neben dem eigentlichen Verbrauchsmaterial auch die Arbeitskraft der medizinisch-technischen Assistentin und des Laborarztes.

4.4 Wirtschaftliche Verluste durch an Tollwut gefallene Tiere schwankten im Studiengebiet im Durchschnitt von 5,- DM pro Katze bis 1.526 DM pro Pferd; die einzelnen Faktoren sind in Tab. 3 aufgeführt.

4.5 Bei der Kostenermittlung für Präventivmaßnahmen zeigte sich in NRW, daß der überwiegende Teil der Schutzimpfung bei Tieren auf Hunde entfiel. Da eine Statistik über die Gesamtzahl der in der BRD lebenden Hunde und deren Durchimpfung gegen Tollwut nicht vorliegt, andererseits aber davon auszugehen ist, daß die Hundezahl in gewisser Beziehung zur Bevölerungszahl steht, wurde von den Autoren (2) vorgeschlagen, die Impfkosten auf Kopf pro Einwohner umzurechnen. Im Studiengebiet betrugen diese im Schnitt 9,0 Pfg. pro Einwohner und schwankten zwischen 8,0 und 11,0 Pfg. je nach Region und Jahr.

Eine Statistik über Wutschutzbehandlungen bei Menschen existiert nicht. Meldepflicht besteht nach § 3 des Bundesseuchengesetzes (BSG) nur für die Personen, die mit einem tollwutkranken oder tollwutverdächtigen Tier in Berührung gekommen sind. Jedoch ist in diesen Fällen realistisch anzunehmen, daß ein erheblicher Teil dieser Kontakte nicht gemeldet und somit auch nicht registriert wird. Nach Wachendörfer (10,11) ist davon auszugehen, daß auf ein tollwütiges Tier 1,5 geimpfte Personen entfallen. Zieht man die von Schale (7) mitgeteilten Fälle für Hessen heran, so liegt dieser Anteil erheblich unter dieser Relation. Für den Zeitraum 1964-1968 entfielen in Hessen auf 2.038 tollwütige Tiere 1.807 Impfungen bei Menschen, d.h. auf 100 tollwütige Tiere etwa 89

Schutzimpfungen, in dem Zeitraum 1969-1975 mit 3.352 tollwütige Tieren wurden 1.605 Schutzimpfungen registriert, d.h. 100 tollwütige Tiere bedingten etwa 51 Impfungen. Im Studiengebiet entfielen auf 1.599 Tollwutfälle bei Tieren 1.335 Impfungen beim Menschen, d.h. auf 100 Tollwutfälle ca. 83 Wutschutzimpfungen. Nach Pöhn (6) sind 3.749 Personen im Jahre 1976 gem. § 3 des BSG gemeldet worden. Geht man davon aus, daß der größte Teil dieser Personen auch einer Wutschutzimpfung unterzogen wurde und bezieht man diese Zahlenangaben auf die als mit dem Tollwutvirus infiziert gemeldeten Tiere für das Jahr 1976, so erhält man eine Relation, daß auf 100 tollwütige Tiere etwa 43 Schutzimpfungen entfallen.

Die Kostenrechnung wird daher sowohl mit dem Faktor 0,5 als auch mit dem von 0,8,bezogen auf die als tollwütig gemeldeten Tiere,durchgeführt und ein Durchschnittpreis von 504 DM pro Wutschutzbehandlung in Ansatz gebracht.

Ergebnisse

In Tabelle 1 sind die 8.638 in den Tierseuchenberichten für 1976 ausgewiesenen Tollwutfälle nach Tierarten gegliedert pro Bundesland aufgeführt.

Tabelle 2 enthält die im Hinblick auf die Kostenrechnung notwendige Einteilung der unteren Verwaltungsbezirke nach der Bevölkerungsdichte und der Zahl der im Jahre 1976 festgestellten Tollwutfälle. Von den insgesamt 343 Bezirken waren im Jahre 1976 nur 24% als tollwutfrei zu bezeichnen und in 57% dieser Gebiete waren im Jahr fünf oder mehr Tollwutfälle bei Tieren registriert worden. Von den rund 62 Mill. Einwohnern in der BRD lebten nur 26% in tollwutfreien, dagegen 54% in stark verseuchten Gebieten.

Aus Tabelle 3 sind die 1976 mutmaßlich entstandenen Kosten ersichtlich. Demnach betrugen die administrativen Kosten ca. 2,76 Mill. DM, wobei der Hauptanteil auf die untere Verwaltungsebene entfällt.

Für die Ermittlung der fallbezogenen Kosten ist es notwendig, nicht nur die Zahl der als tollwütig diagnostizierten Tiere zu kennen,sondern man benötigt die Gesamtzahl der zur Ermittlung Anlaß gegebenen bzw. an die Untersuchungsämter eingesandten Fälle. Da diese Zahlen nicht statistisch erfaßt werden, liegen darüber keine Angaben vor. Aus einer Arbeit von Fischer (1) läßt sich entnehmen, daß in tollwutschwachen Zeiten etwa 6% der Einsendungen positiv sind (46 von 783). In Jahren mit einer hohen Seuchenfrequenz liegt der Anteil der Positiven unter den Einsendungen zwischen 23% und 28% (360 von 1.594 bzw. 596 von

Tierarten

Bundesländer	Fuchs	Rind	Schaf	Pferd	Schwein	Hund	Katze	Reh/Hirsch	andere Wildtiere	Sonstige Tiere	Zusammen
Schleswig-Holstein	241	16	18	7	1	6	4	10	7	-	310
Hamburg	-	-	-	-	-	-	-	-	-	-	0
Niedersachsen	603	82	23	17	-	18	34	30	24	1	832
Bremen	-	-	-	-	-	1	-	-	-	-	1
Nordrhein-Westfalen	517	84	41	8	-	12	29	78	27	1	797
Hessen	1.583	148	67	19	-	58	145	206	73	5	2.304
Rheinland-Pfalz	378	59	23	15	-	16	26	34	22	1	574
Baden-Württemberg	1.381	32	16	3	2	24	29	95	116	2	1.700
Bayern	1.569	124	11	7	-	50	51	112	153	1	2.078
Saarland	16	4	-	1	-	1	4	2	1	-	29
Berlin-West	11	-	-	-	-	1	-	1	-	-	13
Insgesamt	6.299	549	199	77	3	186	322	568	423	11	8.638

Tab. 1 Im Jahre 1976 in den Tierseuchenberichten (9) als tollwütig ausgewiesene Tiere gegliedert nach Tierarten pro Bundesland

Bundesländer	Verwaltungsgebiete mit 1.100 oder mehr Einwohner pro km^2 und						Verwaltungsgebiete mit weniger als 1.100 Einwohner pro km^2 und					
	Tollwutfrei		weniger als 5 Fälle pro Jahr		5 oder mehr Fälle pro Jahr		Tollwutfrei		weniger als 5 Fälle pro Jahr		5 oder mehr Fälle pro Jahr	
	N	EWx1000	N	EW x 1000	N	EW x 1000	N	EWx1000	N	EW x 1000	N	EW x 1000
Schleswig-Holstein	1	93,9	2	496,2	1	85,3	2	414,9	2	305,1	7	1.188,5
Hamburg	1	1.725,9	-	-	-	-	-	-	-	-	-	-
Niedersachsen	5	480,5	3	989,6	2	190,4	9	810,5	7	741,7	32	4.038,9
Bremen	1	576,6	1	144,5	-	-	-	-	-	-	-	-
Nordrhein-Westfalen	15	4.325,4	6	3.249,0	2	472,5	6	1.787,6	7	2.109,8	18	5.233,3
Hessen	1	116,4	1	138,1	4	1.180,6	-	-	2	271,4	22	3.857,1
Rheinland-Pfalz	11	920,4	-	-	1	100,5	9	961,6	4	454,2	11	1.240,8
Baden-Württemberg	3	482,5	3	510,1	3	885,7	-	-	3	1.009,3	32	6.309,3
Bayern	12	2.449,0	11	697,6	2	306,8	3	308,8	11	1.020,3	57	6.047,7
Saarland	1	383,0	-	-	-	-	2	312,2	1	101,8	2	303,3
Berlin-West	-	-	1	2.004,0	-	-	-	-	-	-	-	-
Zusammen	51	11.553,6	27	6.225,1	16	5.225,8	31	4.595,6	37	6.013,6	181	28.218,9

N = Anzahl der Bezirke, EW = Einwohnerzahl in Tausend,

Tab.2 Anzahl der unteren Verwaltungsgebiete - Stadt, Kreis - und der Einwohnerzahl gegliedert nach der Bevölkerungsdichte und der epidemiologischen Situation pro Bundesland

Komponenten		Entstandene Kosten in 1.000 DM	
I Kosten der Verwaltung			
Länderregierungen	11 x 23.022 DM	253	253
Regierungspräsidien	32 x 7.090 DM	227	227
Unterste Verwaltungsebene		2.276	2.276
	zusammen	2.756	2.756
II Fallbezogene Kosten			
Kosten der Seuchenermittlung	28790 x 86,80 DM	2.499	2.499
Kosten der Diagnostik	28790 x 61,43 DM	1.769	1.769
	zusammen	4.268	4.268
III Verluste durch gefallene Tiere			III a
Wildtiere	7292 x 48,64 DM	355	1.420
Hunde	186 x 289,50 DM	54	54
Katzen	322 x 5,21 DM	2	2
Rinder	549 x 1.372,05 DM	753	753
Schafe	199 x 211,50 DM	42	42
Pferde	77 x 1.526,25 DM	12	12
	zusammen	1.218	2.283
IV Kosten für Präventivmaßnahmen			IV a
Schutzimpfung bei Tieren	61832,2 x 92 DM	5.689	5.689
Wundschutzimpfung bei Menschen	0,8 x 8638 x 504 DM	3.482	-
	0,5 x 8638 x 504 DM	-	2.177
Begasungskosten		574	574
Abschußprämien		1.819	1.819
	zusammen	11.564	10.259
Kosten insgesamt		19.806	19.921
Unter Berücksichtigung der Alternative III a - 80% Dunkelziffer beim Wild -		20.871	
Unter Berücksichtigung der Alternative IV a		18.501	

Tab. 3 Für 1976 ermittelte und errechnete, im Zusammenhang mit dem Tollwutgeschehen in der BRD stehende Kosten.

2.122). Geht man davon aus, daß in dem tollwutfreien Jahr 1976 im Schnitt die positiven Fälle etwa 30% der Einsendungen darstellten, so beläuft sich der Anteil der insgesamt 1976 untersuchten Tiere auf annähernd 28.790 Stück. Auch wenn, wie sich in dem Studiengebiet gezeigt hatte, nicht alle von den Veterinärämtern nachgegangenen Seuchenfälle zur Einsendung an die Untersuchungsämter gelangten, so wurden andererseits auch Tiere von Privatleuten zur Diagnostik eingesandt, so daß die Gesamtzahl der untersuchten Tiere und die von Veterinärräten im Rahmen der Seuchenermittlung genannten Zahlen im Studiengebiet etwa 1 : 1 betrug. Somit läßt sich die hochgerechnete Zahl von 28.790 Tieren ohne große Verzerrung sowohl für die Kosten der Seuchenermittlung als auch für die der Diagnostik heranziehen. Insgesamt dürfte sich dieser Kostenfaktor für das Jahr 1976 auf ca. 4,27 Mill. DM belaufen haben.
Die Ermittlung des volkswirtschaftlichen Verlustes durch die Seuche stößt insofern auf Schwierigkeiten, als davon auszugehen ist, daß bei den Wildtieren sicher ein erheblicher Teil der gefallenen Tiere nicht zur Einsendung und somit zur Registrierung gelangt. Bei den wirtschaftlichen Nutztieren (Schaf, Pferd und Schwein) ist hingegen realistisch anzunehmen, daß bei den in den Tierseuchenberichten aufgeführten Fällen auch wirklich alle Tiere erfaßt sind, da für diese eine 100%ige Entschädigung durch die Tierseuchenkasse gezahlt wird. Berücksichtigt man nur die Zahl der gemeldeten Tiere, so ergibt sich insgesamt ein Verlust von ca. 1,22 Mill. DM. Geht man jedoch davon aus, daß die Dunkelziffer beim Wild etwa 80% beträgt, so würde sich der volkswirtschaftliche Schaden bei der Tierhaltung auf 2,28 Mill. DM belaufen.

Die Kosten für die Präventivmaßnahmen - Schutzimpfung der Tiere und Menschen - dürften zwischen 8 und 9 Mill. DM betragen, je nachdem, in welcher Realation die bei Menschen durchgeführte Schutzimpfung zur Zahl der tollwütigen Tiere steht.
Die Gelder, die für Maßnahmen zur Reduktion der Fuchspopulation lt. Angabe der zuständigen Ministerien 1976 ausgegeben wurden, betrugen rund 2,39 Mill. DM und sind in Tabelle 4 nach Ländern gegliedert aufgeführt.
Insgesamt ergibt sich somit für 1976 in der BRD ein geschätzter Kostenaufwand, der im Zusammenhang mit dem Tollwutgeschehen steht, je nach Annahme über die Dunkelziffer beim Wild und der Realation:Zahl der tollwütigen Tiere zur Schutzimpfung beim Menschen-zwischen 18,5 Mill. und 20.9 Mill. DM.

Bundesländer	Zahl der geschossenen Füchse	Gezahlte Abschußprämien in DM	Zahl der begasten Baue	Kosten der Begasung in DM	Kosten insgesamt
Schleswig-Holstein	4.417	132.510,--	-	-	132.510,--
Hamburg	86	1.720,--	-	-	1.720,--
Niedersachsen	5.960	115.160,--	-	-	115.160,--
Bremen	-	-	-	-	-
Nordrhein-Westfalen	12.102	605.100,--	3.214	237.183,--	842.283,--
Hessen	9.660	329.850,--	10.830	239.755,--	569.605,--
Rheinland-Pfalz	-	-	2.100	97.000,--	97.000,--
Baden-Württemberg	20.960	314.400,--	-	-	314.400,--
Bayern	26.700	320.800,--	-	-	320.800,--
Saarland	-	-	-	-	-
Berlin-West	-	-	-	-	-
Zusammen	79.885	1.819.540,--	16.144	573.938,--	2.393.478,--

Tab. 4 Zahl der im Jahre 1976 geschossenen Füchse, begasten Fuchsbaue und die dafür ausgegebenen Beträge pro Bundesland

Diskussion

Von den im Zusammenhang mit dem Tollwutgeschehen für das Jahr 1976 abgeschätzten Gesamtkosten beruhen die gezahlten Abschußprämien und die Auslagen für die Baubegasung auf amtlich registrierten Angaben. Diese Maßnahmen werden durch nicht leicht durchschaubare politische und wirtschaftliche Faktoren beeinflußt, so daß diese Präventivmaßnahmen sowohl von Jahr zu Jahr zwischen den Bundesländern als auch im gleichen Bundesland stark variieren können. Daher ist eine Hochrechnung dieser Kosten aus Angaben über diese aus denen vorangegangener Jahre eines Gebietes oder der Rückschluß aus den Kosten eines Gebietes auf die eines anderen Gebietes des gleichen Jahres nicht möglich. Als zweite amtliche Angabe stützt sich diese Kostenrechnung auf die ausgewiesenen Tollwutfälle in den Tierseuchenberichten. Hier geben nur die Zahlen für die an Tollwut erkrankten Haustiere ein verläßliches Bild, da bei den wirtschaftlich genutzten Tieren eine Entschädigung durch die Tierseuchenkasse gezahlt wird bzw. bei Tollwut von Hunden und Katzen, bedingt durch die für den Menschen von diesen Tieren ausgehende Gefahr, eine Meldung erfolgt. Die das Wild betreffende Dunkelziffer beeinflußt somit nur den Kostenfaktor III "Wirtschaftliche Verluste durch gefallene Tiere", während die fallbezogenen Kosten durch diese Unsicherheit nicht berührt werden. Wie aus den beiden unterschiedlichen Ansätzen - ohne und mit Annahme einer Dunkelziffer von 80% beim Wild - in der Kostenrechnung hervorgeht, dürften diese Kosten etwa um 1,1 Mill. DM differieren. Allerdings sei an dieser Stelle angemerkt, daß sowohl der Pelz- als auch der Fleischwert starken Preisschwankungen unterworfen ist, so daß diese Kosten nur in grober Weise abgeschätzt werden können.

Auf die Schutzimpfung bei Tieren, in diesem Fall vereinfacht nur auf Hunde beschränkt und in Ermangelung von Angaben über die Hundezahl und deren Durchimpfung auf Kopf pro Einwohner berechnet, entfallen ca. 1/4 der Gesamtkosten. Das erscheint relativ hoch. Setzt man aber für eine Tollwutimpfung bei Hunden in Schnitt 25,- DM an, so bedeutet dieser Aufwand von rund 5,7 Mill. DM, daß ca. 228.000 Hunde im Jahre 1976 gegen Tollwut immunisiert wurden; eine Zahl, die im Hinblick auf die sicher gegen Tollwut geimpfte Gebrauchshundezahl in der BRD und den bei Auslandsreisen mitgeführten Hunden durchaus realistisch erscheint. Die 1976 in der Humanmedizin durchgeführten Wutschutzimpfungen betrugen sicher 3.749 Fälle - die Anzahl der nach § 3 BSG gemeldeten Fälle -, vermutlich lagen sie noch höher. Galten die von Kahl (2), Schale (7) und Wachendörfer (11) gefundenen Relationen zwischen der

amtlich registrierter Tollwutfallzahl bei Tieren und der Anzahl der Schutzimpfungen bei Menschen auch 1976 in der BRD, so sind die beiden alternativen Ansätze - Zahl der Tollwutfälle bei Tieren zu Zahl der menschlichen Wutschutzimpfung von 100 : 50 bzw. 100 : 80 - nicht unrealistisch. Der in die Rechnung eingesetzte Preis von 504,-DM pro Impfung ist sicher nicht zu hoch gegriffen, da 1976 mutmaßlich in einem erheblich höheren Anteil Impfungen mit dem HDC-Impfstoff ausgeführt worden sind als 1972-1974 im Studiengebiet von NRW, wo noch vorwiegend die preislich günstigere Enteneivaccine eingesetzt worden ist.
Die mit ca. 2,76 Mill. DM veranschlagten administrativen Kosten sind bei der Hochrechnung als am wenigsten exakt anzunehmen, da schon Kahl (2) in den Jahren 1972-1974 auch innerhalb des gleichen Verwaltungsbezirks von Jahr zu Jahr recht große Schwankungen dieser Kosten registrierte. Die aufgrund des Ansatzes geschätzte Gesamtsumme von ca. 2,75 Mill. DM für diesen Kostenanteil ist jedoch angesichts der starken Seuchenfrequenz in diesem Jahr sicher nicht unrealistisch hoch.

Die ca. 4,3 Mill. DM fallbezogenen Kosten basieren einerseits auf der Annahme, daß, wie Fischer (1) gezeigt hat, in Jahren mit hoher Seuchenfrequenz die tollwutpositiven Fälle höchstens 30% der Einsendungen beinhalten und andererseits auf der von Kahl (2) ermittelten Kostenrealation. Von dieser sind die Diagnostikkosten mit Sicherheit verallgemeinerungsfähig, da sie primär durch die Arbeitszeit und den Materialaufwand - Tiermaterial und Reagenzien - bedingt sind; Faktoren, die nicht wesentlich vom Ort der Untersuchungsstelle abhängen.
Inwieweit die Kosten der Seuchenermittlung, die neben den Kosten für Arbeitslohn und Verpackungsmaterial durch den Transport bestimmt werden und somit von der Entfernung zwischen Amtssitz des Veterinärrates, Ort des Seuchenausbruches und Lokalisation der Untersuchungsstelle abhängen, von dem Studiengebiet in NRW auf andere Regionen übertragbar sind, läßt sich nicht angeben. Jedoch dürfen diese Gegebenheiten in dem Studiengebiet als nicht extrem gelten, so daß bei der hier global für die BRD durchgeführten Rechnung sich dieser Fehler sicherlich nicht wesentlich auswirken wird.
Die aus Kreisen des Tierschutzes geäußerte Behauptung, daß durch die gezielte Reduzierung der Fuchsdichte das biologische Gleichgewicht in der Natur erheblich gestört wird, läßt sich abgesehen von der nicht beabsichtigten Dezemierung des Dachses, mit wissenschaftlichen Methoden (5, 11, 12, 13) nicht bestätigen, so daß von dieser Maßnahme keine

zusätzliche Kosten in die Rechnung eingehen.

Die mitgeteilte Kostenrechnung stellt somit zwangsläufig eine grobe Abschätzung der Gesamtkosten dar. Der wahre Aufwand dürfte vielleicht in einer Größenordnung von 2 Mill. DM um den Betrag von 20 Mill. DM schwanken. Angesichts dieser Unsicherheit wurde auch auf die Einbeziehung der zwischen 1974 und 1976 eingetretenen Preissteigerungsrate in die Kostenrechnung verzichtet. Der Sinn dieser Kostenaufstellung war einen annähernden Schätzwert für die in einem Jahr maximaler Tollwutfrequenz durch diese Zoonose bedingte Kostenbelastung zu erhalten und mehr qualitativ als quantitativ die Komponenten dieser Aufwendungen darzustellen.
Wollte man genaue Angaben über die durch das Tollwutgeschehen verursachten Kosten erlangen, so müßte, ähnlich wie in NRW geschehen, stichprobenartig in verschiedenen Bundesländern detaillierte Erhebungen und Befragungen zu diesem Komplex durchgeführt werden. Da in der Regel nur wenige schriftliche Aufzeichnungen vorliegen, müßte man einen prospektiven Ansatz wählen und könnte somit auch nicht mehr die Kostensituation von 1976 erfassen.

Literaturverzeichnis

1. Fischer, D.: Zum Tollwutgeschehen in einem Endemiegebiet
Statistische Analyse des Seuchengeschehens in Hessen 1967 bis 1970
Inaugural-Dissertation, Mainz (1977)
2. Kahl, W., J. Quander, J. Posch und K. Bögel: Cost Analysis of Wildlife Rabies and its Control in Europe
WHO/RAB.RES./77, Genf (1977)
3. Kersten, W. und E. Zinn: Die Bekämpfung der silvatischen Tollwut durch Begasung von Fuchsbauen und Abschußförderung von Füchsen
Deutsch. Tierärztl. Wschr. 78, 175 (1971)
4. Mishan, E.J.: Elemente der Kosten-Nutzen-Analyse
Campus, Frankfurt a.M. (1975)
5. Moegle, H., F. Knorpp und K. Bögel: Einfluß der Begasung der Fuchsbaue auf die Fuchsdichte und die Wildtollwut in Baden-Württemberg
Berl.-Münch. Tierärztl. Wschr. 84, 437 (1971)
6. Pöhn, H.-Ph.,: Bundesgesundheitsamt, persönliche Mitteilung (1978)
7. Schale, F.W.: Das Tollwutgeschehen in Hessen seit 1953 und seine bisherige Bekämpfung - Konsequenzen für eine effektive Tollwutbekämpfung in der BRD
Blauen Hefte f. d. Tierarzt 57, 305 (1977)
8. Statistisches Jahrbuch der Bundesrepublik Deutschland
Kohlhammer (1977)
9. Tierseuchenberichte des Bundesministerium für Ernährung, Landwirtschaft und Forsten, Bonn (1976)
10. Wachendörfer, G.: Die gegenwärtige Situation und Bedeutung der Tollwut in der Bundesrepublik Deutschland
Deutsch. Tierärztl. Wschr. 84, 413 (1977)
11. Wachendörfer, G.: Grundsätzliches zur Epidemiologie und Bekämpfung der silvatischen Tollwut in der BRD
Prakt. Tierarzt 55, 685 (1977)
12. WHO Report of the informal discussion on the WHO/FAO coordinated research programme on Wildlife in Europe
Nancy, France, 3.-5. July (1972)
13. WHO Expert Committee on Rabies, 6th Report,
WHO Tecn. Rep. Ser. No. 523, Genf (1973)

Prof. Dr. J. Berger
Lehrstuhl Mathematik in der Medizin
Univ. Hamburg

Min.Rat Dr.Dr.h.c. J. Quander
Ministerium für Ernährung, Landwirtschaft und Forsten
Düsseldorf

Min.Rat Dr. A. Rojahn
Bundesministerium für Ernährung, Landwirtschaft und Forsten
Bonn-Duisdorf

R.K. SCHICKE

Medizinische Hochschule Hannover Forschungsstelle für Sozio-Ökonomie des Gesundheitswesens, 3000 Hannover 61, Postfach 610 180

Bewertung stationärer gesundheitlicher Leistungen

Die Bewertung der stationären Leistungen soll sich im Rahmen dieser Betrachtung auf grundsätzlich zwei Aspekte konzentrieren, den qualitativen und den quantitativen. Beide Aspekte hängen eng zusammen und geben Hinweise auf die "Güte", Effektivität und Effizienz der Versorgung schlechthin.

Mit der quantitativen Dimension des Einsatzes von Eingabemitteln (Input) hängt die Qualität der Inputstruktur, die des Versorgungsablaufs (Effizienz) und letztlich die Qualität der Ergebnisse (Effektivität), d.h. die Auswirkung medizinischen Handelns eng zusammen. Somit kann man sowohl von der Qualität der Eingabestruktur und ihrer Organisation, von der Qualität der gesundheitlichen Verrichtungen und Vorgänge als auch von ihren Ergebnissen sprechen.

Die Qualitätskontrolle bzw. Bewertung ist neben der humanen auch von ökonomischer Relevanz, da der effiziente Ablauf und das effektivste Resultat bei gleichen Eingabe-Kosten am "preiswertesten" sind.

Auf der Ebene der Inputstruktur lassen sich in der Bundesrepublik Deutschland unterschiedliche Modelle der Organisation in technologischer und in personeller Hinsicht feststellen, die Einflüsse sowohl auf den Versorgungsablauf als auch auf die Ergebnisse haben können.

Die nachstehende Betrachtung soll sich jedoch hauptsächlich auf die Bewertung der Abläufe sowie die Beurteilung der Resultate konzentrieren, wobei auch der quantitative Aspekt einbezogen wird.

Die Beurteilung der Versorgungsabläufe kann aus der zeitlichen Perspektive simultan und retrospektiv erfolgen. Sie kann aus organisatorischer Sicht implicit oder explicit durchgeführt werden. Die letztere Methode basiert auf a priori festgestellten Behandlungsmustern, die erstgenannte vornehmlich auf Erfahrungskriterien einer "guten" ärztlichen Praxis.

In der Betrachtung der Versorgungsabläufe und deren Bewertung sind die qualitativen mit den quantitativen Aspekten eng verbunden und schließen die Nutzungskontrolle in die Betrachtung mit ein, wie dem Schema 1 zu entnehmen ist.

Schema 1

Schema der Nutzungs- und Qualitätsbewertungssysteme

	Nutzungskontrolle	Qualitatskontrolle
Zielsetzung	Reduzierung der Nutzung und Kosten	Verbesserung der Versorgungsablaufe und deren Resultate
Ablauf	Angemessene Leistungen des Versorgungsablaufs gemäß Bedarf	Bewertung der Verrichtungen auf Angemessenheit aufgrund ublicher Muster ähnlicher Fälle
Resultate	Kosten- und Nutzungssenkung Heilung, Linderung, Zufriedenheit der Patienten und	Verbesserung der Versorgung und Resultate mit Fortbildungseffekt – Versorger
A) Am Versorgungsort		
Methodik	(vorwiegend)	
zeitlicher Aspekt	fortlaufend	– retrospektiv
durch·	Teilnahme/Beobachtung Kollegen (Teams) intern	– Krankenblätter – Kollegen (Teams) – extern
Kriterien	Aufnahme-Indikation Verweildauer (bei Chirurgie prä- und post-operative) Entlassungsindikation Diagnostik und Therapie	medizinisch angezeigte effektive Diagnostik und Therapie aufgrund üblicher medizinischer Standards
B) Außerhalb des Versorgungsortes		
Methodik	(vorwiegend) retrospektiv aufgrund Honorarabrechnungsunterlagen – mit EDV Anwendung –	(vorwiegend) deduktiv – mit EDV Anwendung –
Kriterien	Vergleiche mit ahnlichen Diagnosen, Patienten, etc	Vergleiche nach Arztgruppen, etc

Quelle : Schicke, 1974

Als ein theoretischer Beitrag zur Bewertung gesundheitlicher Leistungen wurde die folgende Klassifizierung vorgeschlagen:

1. Primäre Bewertung, die sich vornehmlich auf die indirekte Teilnahme am und Beobachtung des Versorgungsprozesses selbst stützt.
2. Sekundäre Bewertung, die vorwiegend durch externe Fachkräfte durchgeführt wird, wobei man sich ex post facto auf Krankenblätter und Patientendaten stützt, die nicht unbedingt den Versorgungsverlauf reflektieren müssen.

3. Tertiäre (ebenfalls nachträgliche) Bewertung, die sich auf Honorarabrechnungen und Nutzungsdaten stützt, die ökonomische mit Versorgungselementen verbindet und sich vornehmlich auf sekundäre (s.o.) Daten stützt. Sie bezieht sich jedoch vorwiegend auf den ambulanten Sektor.

Während die primäre Bewertung sich eher im Rahmen des "Ist-Kann"-Spannungsfeldes vollzieht, mißt die sekundäre Bewertung, die "wahrscheinlich war - jedoch sollte"-Beziehungen. Die letztere kann u.U. eher eine geeignete Bewertung der Krankenblattaufzeichnungen gestatten als die der Patientenversorgung selbst. Die tertiäre Bewertung birgt ein zusätzliches Element der Legitimität der Honorierung in sich, welches eine gewisse Modifizierung zur Folge haben kann.

Diese Klassifizierungskategorien weisen zusätzlich auf eine zunehmende Formalisierung von der primären zu der tertiären Bewertung hin, die nicht als eine zunehmende Objektivierung angesehen werden sollte.

Die inhärenten Begrenzungen jeder dieser Kategorien sollten nur im Rahmen einer realistischen Aussagefähigkeit gesehen werden und nicht zu dramatisierten Schlußfolgerungen verleiten.

Mit Rücksicht auf internationale Unterschiede in der ärztlichen organisatorischen Struktur (z.B. Belegärzte in den USA), gewinnt für die deutsche Szene die primäre Bewertung der Leistungen im Krankenhaus an Gewicht.

Für den ambulanten Versorgungsbereich in der Bundesrepublik gewinnt jedoch die tertiäre Bewertung an Beachtung, die eine gewisse Äquivalenz oder Parallele zwischen der Funktion der Kassenärztlichen Vereinigungen und den ärztlichen Leistungsbewertungsorganisationen (PSRO) in den USA erkennen läßt, wie dem folgenden kybernetischen Funktionsschema 2 zu entnehmen ist.

Schema 2

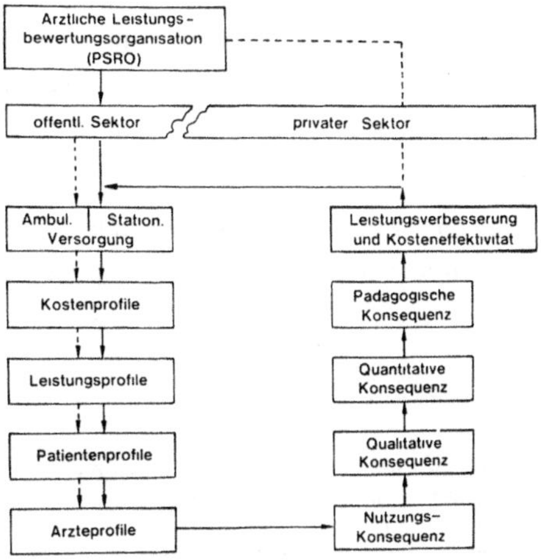

Funktionsschema ärztlicher Leistungsbewertungsorganisationen (PSRO's) im gesetzlichen Kranken-Versorgungs- und Versicherungssystem und Beziehungen zum privaten Sektor. ... indirekte Beziehungen; ___ direkte Beziehungen

Quelle : Schicke, 1974

Die Bewertung gesundheitlicher Leistungen sowohl in qualitativer als auch quantitativer Hinsicht sollte sich besonders auf die Situation in der Bundesrepublik ausrichten, wobei ausländische Erfahrungen und insbesondere methodologische Ansätze wertvolle Hinweise dazu liefern können.

Diese Bewertung auf die deutsche Szene - und insbesondere auf den stationären Sektor - bezogen, führt oft zu folgenden verallgemeinernden Feststellungen - und zwar hinsichtlich der qualitativen Bewertung, daß

vielfach die organisatorische hierarchische Struktur im Krankenhaus an sich automatisch auch eine simultane Bewertung der Qualität der Verrichtungen in sich trage und zusätzliche Mechanismen nahezu überflüssig erschienen.

Bezüglich der quantitativen Situation, daß

eine vornehmlich auf volle Bedarfsdeckung ausgerichtete Versorgung im liberalen Sicherungssystem auch eine spezifische Nutzungskontrolle nahezu überflüssig mache. (z.B. zeitlich unbegrenztes Angebot von Krankenhausleistungen in der gesetzlichen Versicherung).

Hinsichtlich der quantitativen Dimension, d.h. des Nutzungsausmaßes weisen einige Studien darauf hin, daß oft Patienten nicht am richtigen Ort, im richtigen Ausmaß und zum richtigen Zeitpunkt versorgt werden.

Die Attitüden der Ärzte zur Hospitalisierungsdringlichkeit und Notwendigkeit sind der nachstehenden Tabelle 3 zu entnehmen.

Tabelle 3

Attitüden der Ärzte zur Hospitalisierungsnotwendigkeit und Dringlichkeit, Massachusetts, USA (1960–1961)

Krankenhauseinweisungen (n = 1628)			
Grad der Notwendigkeit (in %)		Grad der Dringlichkeit (in %)	
Absolut notwendig	70	Unverzüglich	70
Das Beste für den Patienten	20	In einigen Wochen oder Monaten	21
Es wäre gut	7	Eventuell	6
Wurde nicht empfohlen	2	Wurde nicht empfohlen	2
Weiß nicht	1	Weiß nicht	1

Quelle : bei Schicke , 1974

Hier kommt es nicht selten zur "Überversorgung". Auch für Deutschland liegt der Verdacht einer quantitativ übermäßigen Versorgungskapazität nahe. Erfahrungen zeigen, daß in einigen Ländern trotz von einander abweichenden Systemen die Zahl der Betten reduziert wurde (z.B.USA, England) und zunehmend andere stationäre Versorgungsstätten und ambulante Versorgungsmöglichkeiten wahrgenommen werden.

Bei ähnlicher Nachfragestruktur von 156 Aufnahmen per 1 000 Bevölkerung in den USA (1970) und etwa 152 in der BRD (1972) ist die Versorgungseffizienz in den USA bei abnehmenden Bettenzahlen und besserer Ausnutzung mit verkürzter Verweildauer der Situation in der Bundesrepublik gegenüber zu stellen, wie es dem Schaubild 4 (USA) und dem Schaubild 5 (BRD) zu entnehmen ist.

Schaubild 4

Krankenanstalten und Nutzung 1960 bis 1970 in den USA

	1960	1970	Änderung 1960–1970 in v. H.
Bettenbestand per 1000 Bev.	9,2	7,9	– 14,1
Aufnahmen per 1000 Bev.	139,0	156,0	+ 12,2
Zahl der Behandlungsfälle per Bett	15,1	19,7	+ 30,5

Quelle : bei Schicke, 1975

Schaubild 5

Krankenanstalten und Nutzung 1962 bis 1972 in der BRD

	1962	1972	Änderung 1962–1972 in v. H.
Bettenbestand per 1000 Bev.	10,57	11,35	+ 7,38
Aufnahmen per 1000 Bev.	124,6	151,5	+ 21,59
Durchschnittl. Verweildauer	28,7	23,9	– 20,08
Zahl der Behandlungsfälle per Bett	11,8	13,3	+ 12,71

Quelle : bei Schicke, 1975

Die Anpassung des stationären Versorgungssektors muß sich auch an der Veränderung des Krankheitspanoramas und den modernen Therapiemöglichkeiten ausrichten. Dies führt zum Abbau oder zur Zweckänderung gewisser Krankenhausbetten und zum Ausbau ambulanter oder semistationärer Versorgungsstätten, wie dies zum Teil in England angestrebt wird und der Tabelle 6 zu entnehmen ist.

Tabelle 6

Krankenanstalten und Nutzung 1962–1972 in England

	1962	1972	Änderung 1962–1972 in v. H.
Bettenbestand per 1000 Bev.	10,00	9,01	– 9,8
Aufnahmen per 1000 Bev.	94,27	112,81	+ 19,7
Durchschnittl. Verweildauer (Tage)	33,46	23,87	– 28,7
Zahl der Behandlungsfälle per Bett	9,42	12,51	+ 32,8
Psychiatr. Tagesklinikpatienten per 1000 Bev.	10,32	48,43	+ 469,0
Geriatrische Tagespatienten per 1000 Bev.	2,20	17,39	+ 790,0

Quelle : bei Schicke, 1975

Weitere Problembereiche ergeben sich aus der unterschiedlichen Verfügbarkeit von alternativen stationären Versorgungsstätten, wie z.B. Pflegeheimen, wie dem nachstehenden Vergleich USA - BRD zu entnehmen ist (Tabelle 7).

Tabelle 7

Alteneinrichtungen per 1000 Betagte

	BRD (1969)		USA (1969)	
Altenwohnheime	4,9		0,1	
Altenheime ohne Pflegefälle	19,3		3,1	
zusätzlich Pflegefälle	2,6	} 10,5	9,0	} 45,2
Altenpflegeheime	7,9		36,2	
	34,7		48,4	

Quelle : Schicke, 1975

Im Rahmen dieser Darstellung ist versucht worden, die qualitativen und quantitativen Aspekte der Bewertung stationärer Dienste darzustellen, die eine Anpassung, sowohl strukturell als auch funktionell, erfordern, um eine möglichst effektive und effiziente Versorgung zu erzielen.

Die künftigen Forschungsbemühungen sollten sich an dieser Problematik orientieren, um sowohl qualitativ als auch quantitativ eine bedarfsgerechte Versorgung zu bewirken. Das könnte zu besserer Anpassung an moderne bedarfsgerechtere Versorgungsmodi auch unter Berücksichtigung ökonomischer Konsequenzen führen.

Literatur

Eichhorn S., Qualitäts - und Effizienzbeurteilung in der Krankenhausversorgung , DÄ 42 : 2529 - 2533, 1977

Eimeren van W.,Qualitätskontrolle in der Medizin, Münch. med. Wschr. 119 (45) : 1447 - 1448, 1977

Pflanz M., Beurteilung der Qualität ärztlicher Verrichtungen, Münch. med. Wschr. 110 (35) : 1944 - 1949, 1968

Schicke R.K., Die Bewerung gesundheitlicher Leistungen in den USA , Trends und Problematik, Der Krankenhausarzt 47 (10) : 572 - 587, 1974

Schicke R.K., Trends in der Krankenversorgung - Anpassungsprobleme im Lichte ausländischer Erfahrungen , Der Krankenhausarzt 48 (7) : 335 - 338 , 1975

W. VAN EIMEREN

Institut für medizinische Informationsverarbeitung
Statistik und Biomathematik (ISB)
8 München 70, Marchioninistr. 15

Gesundheitsindices - Probleme und Aufgaben -

Gesundheitsindices sind Instrumente zur umfassenden Messung des Gesundheitszustandes. Beschrieben werden soll

a) der Gesundheitszustand von Individuen
   - zur Beschreibung (z.B. eines Krankheitsverlaufes)
   - zur Bewertung (z.B. eines Medikamentes)
   - zur Planung (z.B. des Pflegeaufwandes)

b) der Gesundheitszustand von Gruppen (Patientengruppen, Gemeinden, soziale Schichten usw.)
   - zur Beschreibung, etwa einer Entwicklung
   - zur Bewertung, etwa eines Früherkennungsprogrammes
   - zur Planung, etwa zur Ermittlung von Prioritäten.
     (Siehe hierzu R.L.BERG, 1976)

Jeder Index soll so aggregieren, daß verschiedene Phänomene, die an einem Individuum oder einer Gruppe beobachtet werden, zu einer globalen Beurteilung zusammenfließen. Dies ist durchaus analog etwa einer Schulnote, die die verschiedenen Leistungen eines Schülers zusammenfassend bewerten soll. Komplexe Gesundheitsindices muß man sich aus Untergesichtspunkten, die als Subindices gesondert betrachtet werden können, zusammengesetzt vorstellen, wie die Numerus-clausus-Note aus verschiedenen Fachnoten. Es ist klar, daß hier der Vergleich mit Schulnoten nur sehr oberflächlich gültig ist, da die Bemühungen der Operationalisierung, insbesondere der Skalierung, bei den meisten Gesundheitsindices wesentlich darüber hinausgehen.

Jeder Index soll über Zeiten und Individuen hinweg zumindest begrenzt gültige Vergleiche erlauben. Angestrebt ist meist nicht nur eine ordinale Aussage wie, daß es A besser gehe als B oder, daß es C zum Zeitpunkt t_2 schlechter gehe als noch zum Zeitpunkt t_1, angestrebt ist vielmehr meist ein Index mit Intervall-Skalen-Eigenschaften. Davon später mehr. Sinn und Wert einer solchen Aggregation in einen Gesundheitsindex ist nur soweit gegeben, als der mit der Beschreibung, Bewertung oder Planung angesprochene Handlungsraum dies durch seine entsprechend einfache Struktrierung nahelegt:

- z.B. wenn eine reiche und variable Symptomatik zur Beschreibung des Schweregrades zu undurchsichtig ist;
- z.B. wenn eine Entscheidung "Medikament B ist Medikament A vorzuziehen" nach einer einzigen Beurteilungsdimension verlangt;
- z.B. wenn ganz verschiedene Patientengruppen in Prioritäten-Überlegungen einzubeziehen sind (etwa Krebs versus Rheuma), und damit eine gemeinsame "Währung" zur Beschreibung des zu erwartenden Erfolges vorauszusetzen ist.

Wie mit jeder statistischen Maßzahl - etwa einem Mittelwert - so ist auch mit dem Index bezogen auf den Verwendungszweck ein Informationsgewinn verbunden; der damit bezogen auf irgendein anderes Interesse verbundene Informationsverlust kann nicht sinnvollerweise beklagt werden.

Es gibt - außerhalb Deutschlands - inzwischen eine Vielzahl von theoretischen Ansätzen und praktischen Versuchen zum Problembereich Gesundheitsindex. Zur Zeit überblicken wir im ISB eine internationale Literatur mit Bezug zur Gesundheits-Index-Forschung mit rund 250 Titeln. Einen guten Einstieg für jeden Interessenten erlauben jedoch zwei Berichte zu Tagungen, die zum Thema Gesundheitsindex vom National Center for Health Services Research in den USA veranstaltet wurden:

1. Health Status Indexes, R.L.BERG, Ed.,
   Hospital Research and Educational Trust, Chicago, 1973
2. Health Status Indexes, Special Issue of Health Services Research
   VOL 11, Nr. 4, 1976

Gerade um die Einarbeitung in dieses Forschungsgebiet dem Interessenten mit Hilfe dieser beiden Berichtsbände zu erleichtern, wird in dieser Darstellung auf anderes Quellenmaterial verzichtet. Für den deutschsprachigen Bereich sei lediglich auf die jahrelange Entwicklungsarbeit am sog. REISENSBURG-Index aufmerksam gemacht. Hierbei handelt es sich um ein von den Landesversicherungsanstalten finanziertes, von Wissenschaftlern aus den Universitäten Ulm, Göttingen und München getragenes und dem Internationalen Institut für wissenschaftliche Zusammenarbeit, Schloß Reisensburg, gelenktes Forschungsvorhaben. Informationsmaterial hierzu ist über das genannte Forschungsinstitut erhältlich.

Erste Eindrücke zu dem, was alles ein "Gesundheitsindex" beinhalten kann, möchte ich exemplarisch geben. Mit dem Ausdruck

$$G_i = \sum_{i=1}^{r} W_i E_i$$

ist die allgemeinste Struktur eines Gesundheitsindex wiedergegeben.
r ist dabei die Anzahl der im Index unterschiedenen Gesundheitszustände S_i, i = 1,r.
W_i ist die Gewichtung von S_i unter dem jeweils zugrundeliegenden Gesundheitskonzept (die vorhin erwähnte "Währung").
E_i bedeutet die registrierte Ausprägung zu S_i. In der einfachsten Form ist dies: O = nicht angetroffen, 1 = angetroffen, in anderen komplexeren Formen kann E_i z.B. die Zeit bedeuten, die ein Individuum auf S_i zubrachte.

Als erstes Beispiel zu dieser allgemeinen Form sei der Q-Index von MILLER vorgestellt, der als Beschreibung des Gesundheitszustandes lediglich unterscheidet zwischen tot, stationär und ambulant. Diese drei Zustände werden über "Zeitverlust" gewichtet. Zugrundegelegt wird bei der Beschreibung einer Zielpopulation eine Standardpopulation jeweils von 100.000 Einwohnern. Der Index hat die Form

$$Q = (M_i/M_a)DP+(274A+91,3B)/N$$ (Quellennachweis bei CHEN, 1973)

in diesem Ausdruck steht M_i für die Alter-Geschlechts-standardisierte Mortalität der Zielpopulation, M_a für die Alter-Geschlechts-standardisierte Mortalität der Bezugspopulation, D steht für die unkorrigierte Mortalität der Zielpopulation, bezogen auf 100.000. P ist der Lebensjahreverlust durch vorzeitigen Tod in der Zielpopulation. A sind die Tage, die in der Zielpopulation im Krankenhaus zugebracht werden. B die Anzahl ambulanter Versorgungen in der Zielpopulation und schließlich N die Gesamtzahl der Personen in der Zielpopulation. Durch die unterschiedliche Gewichtung von 274 bei A und bei 91,3 bei B würden die stationären und ambulanten Versorgungstage ebenfalls auf verlorene Lebensjahre in einer Standardpopulation von 100.000 umgerechnet.
Das Beispiel zeigt u.a.:

- Es handelt sich hier um einen Populationsindex. Einzelne Personen lassen sich in ihrem Gesundheitszustand damit nicht darstellen.

- Weiterhin ist der Index vom sog. "proxy-measure"-Typ:
  Er hofft "Gesundheit" indirekt, das heißt in diesem Fall über Konsumvariablen wie "Tage stationären Aufenthalts" und "ambulante Kontakte" zu erfassen. Proxy-measures stehen und fallen mit einer solchen zugrundegelegten Beziehung. In dem meisten Fällen, so auch in diesem, erscheint dies unakzeptabel. Der Q-Index z.B. nimmt an, daß Unterschiede im Angebot ausschließlich Unterschieden im Bedarf entsprechen.
- Die Vorteile eines solchen Index sind jedoch auch zu sehen:
  Z.B. ist der Index billig in der Datensammlung und leicht in der Berechnung.

Als zweites Beispiel sei der jährlich zu berechnende Gesundheitsindex nach CHIANG vorgestellt (1976). Der Gesundheitsindex von CHIANG nach der Formel $H_i = \sum_{i=1}^{r} W_i E_i$ ist wie folgt aufzuschlüsseln:

$$W_i = a + b\, v_{i1} + cu_i$$

wobei v_{ij} die Inzidenz des Wechsels von S_i nach S_j bedeutet u_j = der Inzidenz des Wechsels von S_i nach S_r und v_{i1} die Rate vollständiger Erholung. E_i bedeutet den Teil des Jahres, der von einem Individuum in S_i verbracht wird. CHIANG geht also von einer eindimensionalen diskreten Messung des Gesundheitszustandes aus. Er selbst beschäftigt sich nicht mit der konkreten Ausgestaltung einer solchen Skala, sondern nimmt den Vorschlag von BELLOC als Beispiel. Dieser Vorschlag ist in der Tabelle 1 enthalten (Quellennachweis bei CHIANG, 1976).

Tabelle 1:
8-stufige Beurteilung des Gesundheitszustandes nach BELLOC und Mitarbeiter

S_1	= positive health
S_2	= adequate health
S_3	= symptomatic
S_4	= single chronic condition
S_5	= multiple chronic conditions
S_6	= moderate disability
S_7	= severe disability
R	= death

Wir werden später sehen, daß die von CHIANG vorgeschlagene Gewichtung als Linearkombination des günstigsten und schlechtesten Zustandes auch jenen Gesundheitsindices zugrundeliegt, wo sie so nicht direkt angesprochen wird.
CHIANG schlägt darüberhinaus ein konkretes Erhebungsverfahren vor, das Schätzungen der Inzidenz und Prävalenz anhand von über das Jahr hinweg überlappend beobachteten Zufallsstichproben erlaubt. So erhält er die notwendige Information, um die durch Tod verlorene Zeit in einem Jahr, wiederum bezogen auf eine Standardpopulation von 100.000, durch die "zusätzlich verloren gegangene Zeit" zu ergänzen. Entsprechend könnte eine solche jährlich zusammengetragene Information auch dazu benutzt werden, "morbiditäts-gewichtete" Sterbetafeln zu berechnen.

Einerseits ist der Index von CHIANG also kein proxy-measure mehr, andererseits verlangt er eine eigene Datenerhebung, die entweder noch gering im Aufwand ist (wie z.B. die von ihm benutzte 8-Stufen-Skala), dann allerdings auch von fraglichem Wert, oder aber aufwendiger. Es handelt sich somit um einen interessanten theoretischen Vorschlag dessen Praktikabilität offen bleibt.

Als drittes Beispiel möchte ich auf einen weiteren, nicht nur theoretisch gediehenen Ansatz eingehen: den Index-of-wellbeeing von BUSH und Mitarbeitern (1967). Es werden zwei Indexvarianten unterschieden (siehe Tabelle 2).

Tabelle 2:
Index-of-wellbeeing nach BUSH und Mitarbeitern

IWB_1 = symptom standardized Index of wellbeeing

$$= \frac{1}{N} \sum_{i=1}^{r} W_i N_i$$

i = 1,r unterschiedene Funktionsniveaus

N = Gesamtzahl der Personen

N_i = Personen im Niveau i

W_i = Wertung von Niveau i

IWB_2 = symptom specific IWB

$$= \frac{1}{N} \sum_{k=1}^{K} W_k^* N_k$$

wobei K Symptom-Komplex-Typen unterschieden werden und W_k^* die Symptom-Spezifische Wertung bedeutet.

Der Index unterscheidet 44 verschiedene Funktionsniveaus, die auf der Basis von 3 Skalen erhoben werden. Die 3 Skalen betreffen die Mobilität, die physische Aktivität und die soziale Aktivität (siehe Auflistung in der Tabelle 3)

Tabelle 3:
Die drei Skalen im Index-of-wellbeeing von BUSH und Mitarbeitern (1976)

1) mobility
   - (5) drove car and used bus or train without help
   - (4) did not drive, or had help to use bus or train
   - (3) in house
   - (2) in hospital
   - (1) in special care unit
   - (0) dead

2) physical activity:
   - (4) walked without physical problems
   - (3) walked with physical limitations
   - (2) moved wheel chair without help
   - (1) in bed or chair
   - (0) dead

3) social activity
   - (5) did work, school, housework and other social activities
   - (4) did work, school, housework but other activities limited
   - (3) limited in amount or kind of work, school, housework
   - (2) performed self-care, but not work, school, housework
   - (1) had help with self-care-activities
   - (0) dead

Als Beispiel für die Kombination in die 44 Funktionsniveaus L_i und die damit verbundene Gewichtung sei erwähnt:
L 15 entspricht in house (3), in bed (1), performed self-care (2) und entspricht einem Level of wellbeeing von 0,57. Es zeigte sich jedoch, daß eine solche Messung insbesondere in jenen Bereich, in denen sich kaum Einschränkungen in der physischen oder sozialen Aktivität finden lassen, die Messung zu grob ist. Es wurden deshalb zusätzlich 36 Symptomkomplexe erhoben und - ebenfalls mit einer eigenen Gewichtung versehen - in den Index eingefügt. Die Tabelle 4 enthält einige Beispiele dazu.

Tabelle 4:
Beispiele zu den 36 Symptomkomplexen nach BUSH und Mitarbeitern (1976). Die Zahlenwerte bedeuten die jeweilige Anpassung von W_i bei Vorliegen eines entsprechenden Symptomkomplexes

C_1 = any trouble seeing-includes wearing glasses or contact lenses = 0,019
C_9 = pain in chest, stomach, side, back, hips = - 0,038
C_{34} = breathing smog or unpleasent air = 0,156
C_{35} = no symptom = 0,257

Zum Beispiel ergäbe ein Funktionsniveaumuster (5) + (4) + (5) (siehe Tabelle 3) eine ursprüngliche Gewichtung von 0,743. Bei gleichzeitigem Vorliegen des Symptomkomplex C_{35} mit einer Gewichtung von + .257 wird der maximal mögliche Index of wellbeeing von 1,0 erreicht.

Das Beispiel zeigt, daß Konstruktion von und Erhebungen mit solchen Instrumenten sehr aufwendig sein können. Entsprechend den komplizierten Skalierungs- und Validierungsmethoden ist auch ein naives Interpretationsverhalten kaum mehr angebracht.

Erste Zwischenergebnisse der Exkursion anhand von 3 Indexbeispielen könnten so zusammengefaßt werden:

1) Indices können versuchen, die Gesundheit bzw. die Einschränkung durch Krankheit unmittelbar zu messen oder aber über damit korrolierende Variable lediglich als proxy-measure zu erfassen.
2) Können die Kriterien mehr am Patientenschicksal selbst orientiert sein (sog. Konsumentenkriterien wie z.B. die Skalen von BUSH) oder aber an Expertenmeinung orientiert sein (die sog. Produzentenkriterien, z.B. die 36 Symptomkomplexe von BUSH oder die Skala von BELLOC u. Mitarbeitern).
3) Die Anzahl der für einen Index zu erfassenden Merkmale kann gering oder auch sehr groß sein.
4) Je nachdem, ob man vorliegende Daten benutzt oder eigene umfangreiche Erhebungen vorschlägt, kann der Erhebungsaufwand gering oder groß sein.
5) Die Aussagen können entweder einen Individualindex oder darüberhinaus eine Aggregierung auf einen Gruppenindex erlauben oder aber primär nur einen Gruppenindex anstreben. Letzteres ist dann auch mit bereits aggregiert vorliegenden Daten möglich.

6) Die Indices können ein unterschiedliches Verhältnis zur Prognose, d.h. also zum Zeitverhalten eines Zustandes aufweisen. WHITMORE (1976) z.B. unterscheidet deshalb zwischen den sog. "stock-measures", die Zustand und Prognose in einem auszudrücken versuchen, und den "flow-measures", die primär ausschließlich den Zustand beschreiben, sekundär allerdings über eine Integralbildung dann auch die Prognose implizieren lassen.

Wenn es gelungen ist, mit diesen Beispielen und dieser Zusammenfassung eine erste konkretere Vorstellung zu vermitteln, wie Gesundheitsindices aussehen, so werden die anschließenden formaleren Betrachtungen vielleicht nicht mehr so fleischlos erscheinen. Die folgenden Bemerkungen orientieren sich an Ausführungen von TORRANCE auf einem Kongreß über Gesundheitsindices in Phoenix (1976). Es sei jedoch erwähnt, daß es sich hier um bekannte, der Nutzentheorie zugrundeliegende Axiome handelt, (siehe hierzu LUCE, RD. und H.RAIFFA, 1957 , Quellennachweis bei TORRANCE, 1976), die auf Gesundheitsindices umgedeutet sind.

Vorweg sei die Notation erklärt:
$S_i, i = 1,r$ seien die r unterschiedenen Zustände der Gesundheit, wobei S_1 ganz gesund und S_r tot bedeuten soll.

Mit $S_i\ (t_1, t_2)$ sei ausgesagt, daß der Zustand S_i von t_1 bis t_2 bestand.

O_j beschreibe ein bestimmtes Gesundheitsschicksal ab dem Zeitpunkt t_o:
$O_j = S_j\ (t_o, t_1), S_k\ (t_1, t_2)\ \ldots\ S_r\ (t_n, \infty)$. Das ∞-Zeichen im letzten Term ist in dieser Form nicht ernst gemeint: Es soll auf das Problem aufmerksam machen, daß in einer jeden Indexform ein maximal zu erwartendes Lebensalter willkürlich festgelegt werden muß.

$W\ (O_j)$ soll die Wertung eines solchen Schicksals O_j darstellen.

Mit geschweiften Klammern {} soll eine vollständige Wahrscheinlichkeitsbetrachtung für ein Individuum zum Zeitpunkt t_o angegeben werden. In unseren Beispielen beziehen wir uns jeweils immer nur auf zwei mögliche Gesundheitsschicksale. Dies kann jedoch jederzeit auf mehr erweitert werden. Z.B. soll $\{pO_j, (1-p)\ O_k\}$ bedeuten, daß mit der Wahrscheinlichkeit p das Gesundheitsschicksal O_j und mit der Wahrscheinlichkeit 1-p das Gesundheitsschicksal O_k erwartet werden muß. Wir erreichen damit eine auch Wahrscheinlichkeitsbetrachtungen zulassende und damit jede Situation im Prinzip beherrschbar machende Form des Gesundheitsindex: $GI = pW(O_j) + (1-p)W(O_k)$. Desweiteren wird klar, daß wir hiermit im wesentlichen Indices vom "stock-measures"-Typ beschreiben. Mit dieser Notation lassen sich eine Reihe den Gesundheits-Indices zugrundeliegende Axiome beschreiben. Der Interessierte sei auf die genannte Arbeit von TORRANCE hingewiesen. Hier seien einführend die wichtigsten Axiome genannt:

Axiom 1: Es besteht eine transitive Ordnung der unterschiedenen O_j; so daß gilt: $O_j \gtrsim O_2 \gtrsim O_3 \gtrsim \ldots\ldots \gtrsim O_n$
d.h., es gibt eine allgemeine eindeutige Vorzugsordnung der unterschiedenen Gesundheitsschicksale. Eine solche Aussage ist in allen Indices enthalten. Kein Index kann in sich selbst einen Wertungspluralismus realisieren. Es ist jedoch zunächst anzunehmen, daß in allen modernen Gesellschaften verschiedene Gesundheitskonzepte nebeneinander existieren. Kontroversen um Themen wie Abtreibung und Eugenik lassen dies auch für Deutschland vermuten. Die bei der Skalenkonstruktion bzw. Item-Auswahl in den Vereinigten Staaten z.B. bevorzugte Praxis der Fundierung über repräsentative Stichproben kann somit als eine nach one-man-one-vote-Ideologie gewichtete Darstellung des kleinsten gemeinsamen Nenners angesehen werden. In Wirklichkeit kann natürlich auch ein kleinster Nenner relativ groß sein. Dies legen die nach Experten und Bevölkerungsstichproben getrennten Untersuchungen der Items im Sickness-Impact-Profile der Seattle-Gruppe nahe. Zwischen diesen Gruppen konnten keine nennenswerten Unterschiede in der Wertung der Items nachgewiesen werden.

Das 2. Axiom, das hier erwähnt werden soll, heißt:
Jede komplexere Aussage kann auf eine einfache reduziert werden. Wenn z.B. $\{qGI_1, (1-q)\, GI_2\}$ bedeutet, daß $GI_1 = \{p_1O_1, (1-p_1)\, O_2\}$ und $GI_2 = \{p_2O_1, (1-p_2)\, O_2\}$, dann ist diese Aussage durch ausmultiplizieren in der folgenden Form reduzierbar:

$$GI = \{[q \cdot p_1 + p_2\,(1-q)]\, O_1,\ [(1-p_1)\, q + (1-p_2)\,(1-q)]\, O_2\}.$$

Das bedeutet, daß also immer ein Gesundheitsindex angebbar ist. Ein konkreter Fall könnte sein, zwei Therapiefolgeaussagen bei einer diagnostischen Unsicherheit q. Einerseits kann somit immer ein Gesundheitsindex bestimmt werden, andererseits ist damit z.B. aber eine trade-off-Annahme zwischen diagnostischen und prognostischen Aussagen postuliert. Man kann den Realismus einer solchen Annahme jedoch in Grenzbereichen bezweifeln: z.B. scheint in der Früherkennung die Angst vor diagnostischer Klarheit das Verhalten zu beeinflussen, also die hier nicht angenommene "joy-of-gambling" doch zu existieren.

Als 3. Axiom sei die Kontinuitätsannahme erwähnt. Dies ist gleichbedeutend mit der Annahme, daß zu jedem sicheren O_j eine unsichere Kombination von zwei oder mehr Gesundheitsschicksalen äquivalent gesetzt werden können, insbesondere daß gilt:

$O_j \sim \{p_j O_1, (1-p_j) O_r\} = \tilde{O}_j$, wobei O_j ein sicheres Schicksal j bedeutet und O_1 völlige Gesundheit bzw. O_r den Tod. Dieses Axiom ist in unmittelbar transparenter Form im Gewichtungsvorschlag von CHIANG enthalten. Alle mir bekannten Gewichtungsstrategien bei Gesundheitsindices legen jedoch ebenfalls dieses Axiom zugrunde. Dennoch ist diese notwendige Grundannahme nur schwer psychometrisch zu beherrschen. Einerseits ist Tod ein so gemiedenes Ereignis, daß jeder geneigt ist, $1-p_j$ unendlich klein zu halten. Somit lassen sich verschiedene O_j nicht mehr stabil gegeneinander einordnen. Andererseits ist jeder Gesundheitsindex, der das Phänomen Tod ausklammert, ebenso unrealistisch. Ob die Inflation, die der Tod im Wertesystem auslöst, insbesondere bei Indices vom "flow"-Typ (Prognose-freier Zustand) überhaupt beherrschbar ist, scheint zweifelhaft. Das Problem besteht darin, einen Index zu konstruieren, der das Phänomen Tod realistisch berücksichtigt (also z.B. nicht nach der Daumenmethode des Herrn MILLER, so daß ein Tag Krankenhaus ungefähr soviel wiegt wie ein Tag Tod) und dennoch im Gebrauch gegenüber einfachen Mortalitätsziffern überlegen ist. Dies betrifft natürlich nicht spezifische Indices, in denen der Tod keine Rolle spielt, etwa bei einem Körperbehinderungsindex. Man kann auch versuchen, die beiden Gesichtspunkte getrennt zu halten und über Präferenzvektoren zu arbeiten. Dies bedeutet jedoch eine weitere Komplizierung und Verbraucherferne.

Wie bereits erwähnt, müßten hier vollständigkeitshalber eigentlich noch weitere Axiome genannt werden. Sie bieten jedoch weniger inhaltlichen Zündstoff und werden hier deshalb übergangen. Stattdessen möchte ich noch andere durch die Axiomatik nicht betroffene konzeptionelle Grundentscheidungen hervorheben, wenn auch hier die Zeit fehlt, sie zu diskutieren.

1) Der Grundtyp des Index ist festzulegen:
   a) Man kann primär das Wohlbefinden messen und evtl. noch sekundär medizinisch gewichten (z.B. der SIP der Seattle-Gruppe, oder der IWB der San Diego-Gruppe von BUSH, 1976)
   b) man kann primär medizinische Dysfunktionalität messen und sekundär unter "Wohlbefinden" gewichten (z.B. gewichtete Lebenserwar-

tung von CHIANG oder das "Utility Maximation Modell" von TORRANCE, 1976)

c) man kann primär leicht erhebbare Merkmale mit Korrelation zu a) oder b) als proxy-measure ins Auge fassen, z.B. der Q-Index von MILLER, der P-Index von AHUMADA oder der G und K-Index von CHEN. (Quellennachweis bei CHEN, 1973 und 1976)

2) Eine Entscheidung über das Gewichtungsverfahren ist zu treffen:

a) Sollen die im Index enthaltenen Befunde einzeln oder in einer Szenario-Technik gewichtet werden

b) sollen die Befunde Lebens-Zyklus-Standardisiert werden oder nicht

c) soll der unterschiedlich empfundene subjektive Leidensdruck
- unberücksichtigt bleiben
- Teil der Messung in S_i sein
- eine an jedem Individuum eigens erhobene Variable im Sinne der impliciten Wertung darstellen

d) sollen altruistische Gesichtspunkte berücksichtigt werden können oder nicht? Hierunter fallen allgemeine soziale Gesichtspunkte wie z.B. Ansteckungsfähigkeit usw. als auch individuelle Gesichtspunkte wie etwa die Auswirkungen für die unmittelbaren Angehörigen des Kranken.

3) Das Vorgehen bei der Validierung muß entschieden werden.

4) Es muß festgelegt werden, in welcher Form Sub-Indices gebildet werden können sollen. Hier ist insbesondere zwischen zwei Wegen zu unterscheiden, nämlich einer à priori-Unterteilung (z.B. nach psychisch-physisch-sozial) und einer à posteriori-Unterteilung über automatisch klassifizierende Verfahren.

5) Die wichtigsten Fragen bezüglich eines erfolgreichen Einsatzes eines Index sollten beantwortet sein. Hierzu könnten gehören: ein hinreichend eindeutiger Auftrag, Finanzierung von Vorarbeiten, Rechtfertigung des Aufwands im Verhältnis zur Rolle des Index innerhalb einer Entscheidungsprozedur.

Bezogen auf die Gesundheitssystemforschung stellen die Gesundheitsindices Zieloperationalisierungen dar. Die Gesundheitsindexforschung problematisiert also jede Aussage der Gesundheitssystemforschung, die keine patientenbezogene Messung der Maßnahmenwirksamkeit beinhaltet. Sie macht deutlich, wo in jedem Verfahren der Prioritätenermittlung ein wissenschaftlicher Beitrag noch möglich, unter Umständen nötig ist und wo nur eine andere Legitimierung das Verhalten begründen kann, etwa im Rahmen eines Behandlungsvertrags oder eines politischen Auftrags.

H.K. SELBMANN

Institut für medizinische Informationsverarbeitung
Statistik und Biomathematik (ISB)
8 München 70, Marchioninistr. 15

Methodische Probleme der Kontrolle ärztlicher Leistungen am Beispiel der Perinatologie

Der Perinatologie kommt im Zusammenhang mit der Kontrolle ärztlicher Leistungen sicher ein Modellcharakter zu. Zum Beispiel

- werden in der Bundesrepublik Deutschland 98,8% aller Kinder in Kliniken geboren,
- verlaufen 50% der Schwangerschaften risikofrei,
- erfolgen 27% aller Entbindungen operativ,
- dauert die "Krankheit" nicht länger als 10 Monate und schließlich
- läßt sich das Ergebnis der perinatologischen Bemühungen scheinbar leicht an der Säuglingssterblichkeit ablesen. Wird doch diese oft sogar als Indikator für die Güte eines Gesundheitssystems angesehen.

Alles zusammen ist der Grund, warum die Perinatologen bereits auf eine Tradition der Kontrolle ärztlicher Leistungen zurückblicken können, deren jüngstes Kind die seit 1974 laufende Münchner Perinatal-Studie (12) ist. Die Grenzen der Machbarkeit, die einen wesentlichen, wenn nicht <u>den</u> limitierenden Faktor in der Kontrolle ärztlicher Leistungen darstellen, können am Modell Perinatologie studiert und beim späteren Aufbau einer allgemeinen Theorie der Kontrolle ärztlicher Leistungen berücksichtigt werden.

Kontrolle ärztlicher Leistungen

Unter einer Kontrolle soll, wie im englischen Sprachraum üblich, eine Regelung verstanden werden. Die Kontrolle ärztlicher Versorgungseinrichtungen besteht demnach aus folgenden 4 Stufen:

1. der Rückkopplung von Beurteilungsergebnissen auf den einzelnen Arzt

2. der aggregierten Beurteilung von Versorgungseinrichtungen
3. der Messung und Beurteilung der ärztlichen Versorgung von einzelnen Patienten und
4. der standardisierten Erfassung und Dokumentation des Behandlungsprozesses und -ergebnisses.

Prospektive und retrospektive Beobachtungen

Ärztliche Versorgungseinrichtungen wie Geburtskliniken können an Hand vorhandener Unterlagen etwa dem Mutterpaß und dem Geburtenjournal retrospektiv oder über zusätzliche Beobachtungen prospektiv beurteilt werden (Abb. 1). Prospektive Beobachtungen besitzen die Möglichkeit der Intervention, die etwa bei den "concurrent reviews" der amerikanischen Professional Standard Review Organisationen (PSRO) zur Überprüfung der Krankenhausaufnahmegründe und später der Liegezeit eingesetzt wird.

retrospektive Beobachtungen

Totalerhebungen (Profilanalysen)

Stichprobenerhebungen

zufällige, auch zeitlich limit. S. (Profilanalysen)
selektive S. Kohorten z.B. Diagnosen (Tracer)
Trohocs z.B. extreme Endresultate (Einzelfallanalysen)

prospektive Beobachtungen (mit Intervention)

Totalerhebungen (concurrent reviews, D-Arzt-System)

Stichprobenerhebungen

zufällige, auch zeitlich limit. Stichproben
selektive S. Kohorten z.B. Diagnosen (Tracer)
während der Vers. (control by exception, Konsiliarien)

Abb.1: Erfassungsansätze zur Beurteilung ärztlicher Versorgungseinrichtungen

Selbst wenn keine direkte Intervention beabsichtigt ist, führt allein schon die zusätzliche Beobachtung und Dokumentation zu anderen, manchmal unerwünschten Verhaltensformen. Das gilt insbesondere dann, wenn sich, wie üblich Versorgung und Dokumentation in einer Hand befinden. Bereits hier findet dann eine Rückkopplung statt. So könnte eine Liste aller geburtshilflicher Überwachungsmaßnahmen den Arzt dazu verleiten, ohne spezielle Indikationen alle durchzuführen, und eine Liste aller möglichen Geburtsrisiken kann die Rate der falsch-positiv erkannten Risiken ungerechtfertigterweise erhöhen. Dennoch überwiegt der erzielte Standardisierungseffekt sicher diese Nachteile. Bei retrospektiven Ansätzen ist die Beobachtungsgleichheit nicht von vornherein gegeben.

BARRO stellt in ihrer Übersichtsarbeit (1) fest, daß

> "die Qualität der Krankengeschichten
> mit der Qualität der medizinischen
> Versorgung positiv korreliert ist."

Darüberhinaus sind Krankengeschichten für die Beurteilung ärztlicher Leistungen häufig unvollständig, da dort mehr der technische Behandlungsablauf und selten die "art of care" wie BROOK (2) es nennt, dokumentiert ist. Die Motivation der Mutter zur Schwangerschaft und die Dauer des Zusammenseins von Mutter und Kind gehören z.B. in diesen Bereich und werden, da oft nicht dokumentiert, zu Unrecht den Störeinflüssen zugerechnet.
Für eine routinemäßige Kontrolle ärztlicher Leistungen ist in Sachen klinischer Dokumentation noch eine Menge Nachhilfe zu leisten. Insbesondere muß versucht werden die standardisierte Dokumentation zur Beurteilung der ärztlichen Versorgung in die routinemäßige klinische Dokumentation bzw. die Klinikinformationssysteme zu integrieren. Dies würde nicht nur manche Doppelerfassung verhindern, sondern auch eine Kontrolle der Vollständigkeit der Fälle erlauben. Auch im Bereich der Geburtshilfe ist dieses Problem vorhanden, jedoch nicht in dem Ausmaß, da Geburten meldepflichtig sind und die statistischen Ämter der Städte die Geburten pro Klinik errechnen können. Aber wie ist dieses Problem etwa bei Patienten mit Verdacht auf Appendicitis zu lösen?

Totalerhebungen und Stichproben

Zur Beurteilung einer ärztlichen Versorgungseinrichtung können entweder alle ihre Patienten oder nur eine Stichprobe beobachtet werden (Abb. 1).

Totalerhebungen bzw. zufällige oder zeitlich limitierte Stichproben dienen in erster Linie zur Erstellung von Profil- oder Professionalitätsstatistiken, an Hand derer die Patientenkollektive und Behandlungsmuster der Versorgungseinrichtungen beschrieben werden können. Die Münchner Perinatalstudie ist z.B. als eine prospektive Totalerhebung angelegt, bei der alle Geburten der beteiligten Kliniken standardisiert erfaßt werden.

Auch die TRACER-Methode dient der Gesamtbeurteilung medizinischer Versorgungseinrichtungen, wobei TRACERS ausgewählte Krankheitsprobleme darstellen, deren Bewältigung durch die Versorgungseinrichtung eine Verallgemeinerung auf alle Probleme erlaubt. Diese TRACER-Diagnosen sollten nach Kessner (6) leicht feststellbar sein, eine hohe Prävalenzrate in allen Versorgungseinrichtungen besitzen, therapiebar sein, wozu feste Standardformen vorliegen müssen, und auch die Einflüsse soziodemographischer Faktoren sollten bekannt sein. Patienten mit diesen TRACER-Diagnosen z.B. Frühgeburten oder Diabetikermütter können retrospektiv oder prospektiv beobachtet werden. Falschnegative Diagnoseentscheidungen lassen sich bei dieser Art der Selektion allerdings nicht untersuchen.

Ein weiterer Erfassungsansatz führt über Krankheitsverläufe mit extremen Ausgängen. FEINSTEIN (4) würde sie als retrolektive TROHOCS bezeichnen. In verschiedenen deutschen und amerikanischen Studien wurden beispielsweise nur die perinatal verstorbenen Kinder einer retrospektiven Einzelfallananlyse unterzogen (5,11). Die hieraus gewonnenen Ergebnisse sind weder epidemiologisch verwertbar, noch geben sie eine genaue Auskunft über das Leistungsvermögen der medizinischen Versorgungseinrichtungen, da hierzu nicht nur die Mißerfolge sondern auch die Erfolge der Kliniken gehören. Darüberhinaus ist zu bedenken, daß bei einer ausschließlichen Erfassung von Mißerfolgen oft aus einer Verteidigungsposition heraus dokumentiert wird.

Aussichtsreich für eine routinemäßige Kontrolle scheint ein kombinierter Erfassungsansatz zu sein bestehend aus

1. einer retro- bzw. prospektiven Totalerhebung, wenn möglich integriert in die Klinikdokumentation

2. einer prospektiven Beobachtung von Patienten mit definierten Problemen, die nicht unbedingt als Tracer fungieren müssen und auch umdefiniert werden können und

3. Analysen von Einzelfällen mit extremen Ausgängen, die kasuistisch i.a. in den einzelnen Kliniken ohnehin durchgeführt werden und zu denen zur statistischen Analyse aus der Totalerhebung Kontrollfälle für Case-Control-Studien auszuwählen sind.

Messung und Beurteilung der ärztlichen Versorgung einzelner Patienten

Daß bisher noch nicht von Qualität die Rede war, hat einen gewichtigen Grund: Qualität läßt sich zwar allgemein gut definieren, etwa nach v. EIMEREN (3) als "Verhältnis von Erreichtem zu Gewünschtem unter der Bedingung des Machbaren", aber ihre Operationalisierung macht Schwierigkeiten. Wenn PFLANZ (10) 1968 feststellte: "Es fehlt an zuverlässigen Kriterien der Qualität ärztlicher Tätigkeit", so hat sich daran nicht viel geändert. 1976 bestätigt eine Studie der National Academy of Science (9) den ca. 50 amerikanischen PSRO-Studien, in die jährlich nach BROOK (2) 100 Millionen $ fließen, daß sie zwar alle die beste Qualität bei vernünftigem Aufwand anstreben,was dies konkret bedeute, ließe sich jedoch nicht erkennen!

Ein allgemein anwendbares Qualitätsmaß zu konstruieren, ist nicht sinnvoll. Dagegen stehen die unterschiedlichen Ziele der Agentengruppen, die den Struktur-, Prozess- und Outcome-Variablen verschiedene Gewichtsvektoren unterlegen (Abb. 2). Eine Zieldefinition und ihre Operationalisierung muß dennoch in allen Agentengruppen durchgeführt werden. Oftmals erinnert nach der Operationalisierung die quantifizierte Zielgröße nur entfernt an "Qualität". Selbst wenn man jedoch die Zielgröße nur über das Endresultat definiert, fehlen zur Beurteilung vielfach die geeigneten Instrumente. Zum Beispiel existieren in der Perinatologie eine Reihe von Maßen wie die APGAR- oder PETRUSSA-Werte, Verlegungsdiagnosen, Geburtsgewicht und NabelschnurpH, die einzeln als Indikatoren für den Gesundheitszustand eines Neugeborenen gelten, aber ein aggregierter Morbiditätsindex, der praktikabel und durchschaubar ist, ist derzeit nicht verfügbar. Dabei kann man "Outcome" in der Perinatologie beinahe wörtlich nehmen.

Agenten	Dimensionen Struktur	Prozess	Outcome	Qualität
Patienten	.	.	.	.
Ärzte	.	.	.	.
Kostenträger	G_s	G_p	G_o	Q
Administratoren	o	.	.	.
Gesundheitspolit.	o	.	.	.
⋮				

Abb. 2: Qualität als Funktion von Struktur-, Prozess- und Outcome-Variablen mit unterschiedlicher Gewichtung durch Agentengruppen

Nicht vergessen sei auch die zeitliche Komponente der Outcomemessung, die i.a. erst durch ein Follow-up der einzelnen Patienten abgeklärt werden kann. Ein symptomatisches Beispiel für die dabei auftretenden Schwierigkeiten ist die Säuglingssterblichkeit. Unter anderem gelingt es auf Grund des fehlenden Personenkennzeichens und des Datenschutzes nur in Sonderfällen, die Daten des Geburtsverlaufes mit der Feststellung, ob das Kind im ersten Jahr verstorben ist, zu verknüpfen. Die genannten Schwierigkeiten tragen sicher auch eine Mitschuld daran, daß die meisten heute durchgeführten Studien zu sehr auf der Basis der Prozessqualität, gemessen etwa an der Liegezeit oder dem Einsatz der Mittel, beruhen.

Explizite und implizite Standards

Die Beurteilung der medizinischen Versorgung erfolgt durch Vergleiche mit expliziten oder impliziten Standards oder Normen. Implizite Standards, wie sie bei retrospektiven interkollegialen Begutachtungen - englisch peer reviews - eingesetzt werden, können nur als eine Zwischenlösung angesehen werden, solange keine expliziten Standards ausgearbeitet sind. Zwar hat ihre Anwendung durch die Integration von Beobachtung und Beurteilung den Vorteil, Krankheitsfälle als Ganzes zu sehen, doch ihre Standardisierung, ihre Kontinuität und ihre Weiterentwicklung lassen sich schwer kontrollieren.

Explizite Diagnose- und Therapie-Standards müssen daher für alle Kranheitsbilder geschaffen werden. Bewährt hierzu hat sich die Kombination von Expertenbefragung etwa mit der Delphi-Methode und epidemiologischen Analysen von Total- oder Stichprobenerhebungen. Dieser Weg wird auch in der Münchner-Perinatal-Studie gegangen werden, wo zudem ein bereits gesetzlich definierter Standard, die Mutterschaftsrichtlinien, zu berücksichtigen ist.

Es ist zu fordern, daß alle expliziten Standards vor ihrer breiten Einführung auf ihre Effektivität überprüft werden, die auch danach ständig zu kontrollieren und zu verbessern ist. Die Entwicklung neuer Methoden wie z.B. der Lungenreifebestimmung und -therapierung bei Ungeborenen macht dies erforderlich. Kontrollierte Studien sowie Case-Control- und Interventionsstudien müssen hierzu vermehrt durchgeführt werden.

Aggregierte Beurteilung von Versorgungseinrichtungen und ihre Vergleiche

Die 26 Kliniken der Münchner-Perinatal-Studie (12) unterscheiden sich z.B. in ihrer Struktur, in der soziodemographischen Zusammensetzung und der Risikobelastung ihrer Patientenklientel und in ihren Versorgungsmustern derart, daß ein einfacher Vergleich etwa der Sectiofrequenzen, der Liegezeiten oder der perinatalen Mortalität zu Fehlinterpretationen führen würde. Hier sind Methoden wie die indirekte Standardisierung, multiple logistische und Regressionsmodelle einsetzen und in die Klinikstatistik jeder Klinik zu integrieren. Darüberhinaus sollte jede Klinik sich mit der Norm von anderen strukturähnlichen Kliniken statistisch vergleichen können. Die neu zu entwickelnden Klinikstatistiken müssen verständlich und nachvollziehbar sein, von den Klinikleitern akzeptiert werden und ihnen Schlußfolgerungen erlauben.

Rückkopplung von den Beurteilungsergebnissen auf den einzelnen Arzt

Wie amerikanische Erfahrungen (7) gezeigt haben, scheint es fraglich, ob auf Dauer eine standardisierte Dokumentation und die anonyme Information ausreichen, medizinische Versorgungseinrichtungen zu kontrollieren. Die Münchner Perinatal-Studie basiert dennoch zunächst auf der Eigenverantwortlichkeit der Kliniken. Wenn erforderlich muß diese durch offene interkollegiale Gespräche und gezielt ausgerichtete Fortbildungsprogramme unterstützt werden. Über vorhandene oder mögliche standespolitische und gesetzgeberische Maßnahmen soll hier nicht diskutiert werden. Ich glaube jedoch, daß zwar die Organisation von Kontrollprogrammen möglichst unabhängig institutionalisiert werden sollte, die notwendigen Rückkopplungsmechanismen jedoch fest von den Standesorganisationen der Ärzteschaft etabliert werden müssen, denn ohne die Bereitschaft und Kooperation der Ärzte läßt sich kein funktionsfähiges System der Kontrolle ärztlicher Leistungen aufbauen.

Schlußbemerkung

Die Kontrolle ärztlicher Leistungen ist auch 1978 noch ein Reizwort. Davon zeugen die ständigen Bemühungen, es durch Ausdrücke wie Selbstkontrolle, Qualitätssicherung oder Qualitätsbeurteilung zu umgehen. Dabei ist das gar nicht notwendig, denn jeder Arzt betreibt Kontrolle in der einen oder anderen Weise bzw. wird kontrolliert. Die Aufgabe des Methodikers ist es erstens, dafür zu sorgen, daß dies mit den bestmöglichen Methoden geschieht und zweitens, wie NELSON (8) es formuliert hat, allen Ärzten klarzumachen, daß eine richtige Qualitätskontrolle genauso wie die Diagnostik, Therapie und Fortbildung in erster Linie ein Dienst am Patienten ist.

LITERATUR

(1) BARRO, A.R. : Survey and Evaluation of Approaches to Physician Performance Measurement J. Med. Educ., 48, 1973, 1048-1093

(2) BROOK, R.J., WILLIAMS, K.N. and AVERY, A.D. : Quality Assurance Today and Tomorrow: Forecast for the Future Ann. Intern. Med., 85,1976, 809-817

(3) EIMEREN VAN, W. : Methoden qualitativer Beurteilungen im Gesundheitswesen; Expertengespräch der Hanns-Seidel-Stiftung Kreuth, 1977 (im Druck)

(4) FEINSTEIN, A.R. : The Epidemilogic Trohoc, the Ablative Risk Ratio, and Retrospective Research Clin. Pharmacol. Ther., 14,1973, 291-307

(5) HARPER, R.G. et.al. : The High-Risk Perinatal Registry Obstet. Gynecol., 51,1977, 264-268

(6) KESSNER, D.M., KALK, C.E. and SINGER, I. : Assessing Health Quality - the Case for Tracers New Engl. J. Med., 288,1973,189-194

(7) NELSON, A.R. : Orphan Data and the Unclosed Loop: Dilemma in PSRO and Medical Audit New Engl. J.Med., 295, 1976, 617-619

(8) NELSON, A.R. : Diskussionsbemerkung auf dem Symposium "Qualitätssicherung", veranstaltet von der Deutschen Gesellschaft für Chirurgie und dem Arbeitskreis der Medizinpublizisten, Frankfurt, 1977

(9) N.N. : Assessing Quality in Health Care an Evaluation Nat. Academy of Science, Wash.,1976

(10) PFLANZ, M. : Beurteilung der Qualität ärztlicher Verrichtungen MMW., 35, 1968, 1944-1949

(11) PIEDMONT, E. : Mögliche Chancen einer weiteren Senkung der Säuglingssterblichkeit aus geburtshilflicher Sicht, Öff.Gesundheitswesen, 39,1977 499-505

(12) SELBMANN, H.K. et.al. : Münchner Perinatalstudie 1975, Band 8 der Schriftenreihe des ZI für die kassenärztliche Versorgung, Köln 1977

M. PFLANZ
Institut für Epidemiologie und Sozialmedizin, 3000 Hannover, Karl-Wiechert-Allee 9

Epidemiologische Aussagen in der Gesundheitssystemforschung - Methode und Inhalt

Bis vor wenigen Jahren verstand sich die Epidemiologie vorwiegend als ein Wissenschaftszweig, dessen Ziel die Erforschung der Verbreitung von Krankheiten sowie ihrer möglichen Ursachen und Folgen ist. Heute wird der Begriff Epidemiologie in zwei Bedeutungen verwendet, einerseits als eine Methode bzw. die Zusammenfassung von Methoden, die zur Erreichung der eben genannten Ziele eingesetzt werden können; andererseits verstehen wir unter Epidemiologie auch den mit diesen Methoden gewonnenen Kenntnisschatz über einzelne Krankheiten, vor allem über ihren Verlauf, ihre Risikofaktoren, ihre möglichen Ursachen und Begleitumstände, soweit sie epidemiologisch erfaßbar sind.

Dieser Doppelbedeutung des Begriffes Epidemiologie entsprechen Methode und Inhalt dieses Faches. Beides ist seit langem wesentlicher Bestandteil des "Health Services Research". Die Methoden der Epidemiologie werden auf die dynamischen Vorgänge im Gesundheitswesen angewandt; diese Anwendung hat dort längst ihre Bewährungsprobe hinter sich. Zum Inhalt der Epidemiologie gehören nicht nur Häufigkeit und Risikofaktoren der Krankheiten, sondern auch die Indikatoren ihrer Versorgung. Art und Grad der Versorgung sind so wesentliche Bestimmungsgründe für den Verlauf und die Folgen von Krankheit, daß die Epidemiologie seit langem die Beziehungen zwischen Krankenversorgung und Krankheit besonders beachtet. Zudem ist es bei der Benutzung von Sekundärquellen, wie Krankenhausdaten usw. unerläßlich, daß der Epidemiologe die Erfassungs- und Identifizierungsprozesse des "Falles" innerhalb des Versorgungssystems nachvollzieht.

Aber in jüngster Zeit hat sich das Selbstbild der Epidemiologie gewandelt von einer vorwiegenden Krankheitsforschung zu einer Erforschung der medizinischen Versorgung. Viele Epidemiologen haben neue Aufgaben übernommen und dabei immer mehr erkannt, daß ihre quantitativen und analytischen Methoden, ihre Prinzipien der logischen Durchdringung von Problemen und ihre Regeln zur Erkennung von Zusammenhängen und Resultaten auch auf die Erforschung der dynamischen Vorgänge im Gesundheitswesen anwendbar sind. In dem von Kerr White und Maureen Henderson herausgegebenen Buch "Epidemiology as a fundamental science - its uses in health services planning, administration, and evaluation" (1976) ist diese Entwicklung, die sich gleichzeitig in vielen Ländern vollzogen hat, von nordamerikanischen und europäischen Autoren beschrieben und begründet worden. Die Teilnehmer der Konferenz in Hunt Valley, Maryland, im März 1975, auf deren Referaten und Diskussionen dieses Buch basiert, legten als Zusammenfassung eine Entschließung vor, in der folgende Hauptziele der Epidemiologie definiert werden:

Erforschung des natürlichen Verlaufs von Krankheiten;

Diagnose, Messung und Projektion von Gesundheitsbedürfnissen von Gemeinschaften und Bevölkerungen;

Bestimmung der gesundheitlichen Ziele und Prioritäten;

Allokation und Management von Ressourcen der gesundheitlichen Versorgung;

Beurteilung von Interventionsstrategien und Evaluation des Einflusses der Gesundheitsdienste.

Das frühere Ziel der Epidemiologie, Erforschung der Verteilung von Krankheiten, wurde dort überhaupt nicht mehr erwähnt - hoffentlich nur deshalb nicht, weil man es in diesem Kreis, der freilich nicht nur aus Epidemiologen bestand, für selbstverständlich hielt.

Im folgenden sollen einige Beispiele für die Anwendung epidemiologischer Methoden und Denkweisen auf die Erforschung der Gesundheitsdienste genannt werden. Wesentliche Grundlage epidemiologischer Arbeit ist die Überprüfung der Reliabilität und Validität der Daten, ob sie aus primären Quellen, wie einer Feldstudie stammen, oder ob es sich um sekundäre Daten handelt. Die Epidemiologie kennt besser als andere Wissenschaften die Grenzen der Aussagefähigkeit von Interviewdaten im medizinischen Bereich, vor allem bei retrospektiven Erhebungen. Sie hat die begrenzten Möglichkeiten und Schwächen diagnostischer Angaben durch Patienten und Ärzte des ambulanten Bereichs erkannt und versucht, aus dieser Erkenntnis die notwendigen Schlüsse zu ziehen, daß nämlich entweder die Validität dieser Angaben verbessert oder auf diagnostische Begriffe verzichtet werden muß. Sie hat immer wieder Stichprobenfehler analysiert und dadurch deren Vielfalt kennengelernt. So hat sich jede epidemiologische Arbeit mit den Verzerrungen zu befassen, die durch Nichtteilnahme eines Teiles der ursprünglichen Stichprobe entstehen. Eine weitere wichtige Erfahrung der Epidemiologie ist es, daß Personen mit längerer Krankheits- und Behandlungsdauer in Stichprobenerhebungen, die sich auf eine kurze Zeitperiode beziehen, wie etwa Stichtagerhebungen oder Quartalsstatistiken erheblich überrepräsentiert sind. Diese Fehlerquellen sind einfach zu erkennen und meist zu vermeiden für jemand, der sich in die für die Epidemiologie fundamentale Dynamik von Inzidenz, Prävalenz und Krankheitsdauer hineingedacht hat. Für Epidemiologen ist es eine unverzichtbare Voraussetzung jeder Untersuchung, daß gesundheitsrelevante Daten von Individuen auf einen klar definierten Nenner bezogen werden, in welchem diese Individuen auch enthalten sein müssen. Ziffern über Krankenhaushäufigkeit oder Verweildauer, die nicht die wiederholten Aufnahmen derselben Person innerhalb einer bestimmten Zeitspanne berücksichtigen, müssen vom Epidemiologen als unbefriedigend angesehen werden. Ebenso wenig kann der Epidemiologe mit Daten anfangen, bei denen durch eine Quartalseinteilung Krankheitsfälle künstlich aufgespalten und damit vermehrt werden, oder mit Ziffern, die gar nicht auf einen bestimmten Nenner zu beziehen sind, wie das bei Zahlen aus einzelnen Krankenhäusern und vor allem bei vielen Daten der gesetzlichen Krankenversicherung der Fall ist.

Eine große Datenmenge, wie sie vielleicht einmal in Gesundheits-Informations-Systemen anfällt, bringt nur wenige Epidemiologen zur rechten Begeisterung, solange die gespeicherten Daten nicht auf Vollständigkeit, Reliabilität und Validität überprüft werden und solange sie nicht auf eindeutig abgegrenzte Kategorien von spezifischen Populationsnennern bezogen werden können. Bei der starken Abhängigkeit aller Gesundheits- und Krankheitsdaten von Alter und Geschlecht kann der Epidemiologe durch das von ihm ständig verwendete Handwerkszeug der verschiedenen Methoden der Altersstandardisierung zur Verbesserung von Inanspruchnahmeziffern und der Aussagefähigkeit von Ergebnissen des Health Services Research beitragen.

In der Gesundheitssystemforschung ist man oft auf die Benutzung von Global- und Aggregatdaten angewiesen. Es ist hierbei oft schwer, der Versuchung zu widerstehen, solche Ziffern auf individueller Ebene zu analysieren und zu interpretieren. Ein Epidemiologe jedoch, der oft mit Aggregatdaten arbeitet, wird kaum dem "ökologischen Trugschluß" unterliegen, der die Gesundheitssystemforschung bei uns so oft belastet. Schließlich muß noch erwähnt werden die Erfahrenheit des Epidemiologen bei der Interpretation von Daten. In Fragen logischer und kausaler Zusammenhänge, der Berücksichtigung von Drittvariablen und der Vergleichbarkeit von Stichproben ist die Epidemiologie kompetent; sie will hier aber gewiß keine Monopolansprüche stellen.

Meine Auffassung ist, daß die Gesundheitssystemforschung gut daran tut, sich mit überschaubaren und beeinflußbaren Einzelproblemen zu befassen, die mit sauberer Methodik erarbeitet werden können, statt sich mit Daten von "Makro-Systemen" zu begnügen, die von fragwürdiger Validität und kaum interpretierbar oder gar vergleichbar sind.

Die Epidemiologie kann im Rahmen der Gesundheitssystemforschung vor allem auch dann eine bedeutende Rolle spielen, wenn sie ihre traditionelle medizinische Orientierung nutzt. Das Ziel jedes Gesundheitssystems einschließlich seiner Teilsysteme ist die Vorbeugung, Erkennung, Behandlung, Linderung, Heilung und Rehabilitation von Krankheiten. Eine wesentliche Aufgabe der Epidemiologie ist die Feststellung der Krankheitshäufigkeit und der Dynamik ihrer Versorgung. Dabei ist das unerreichbare Ideal die Feststellung des Bedarfs an medizinischen Dienstleistungen, unerreichbar deswegen, weil der Begriff des Bedarfs Wertvorstellungen enthält, über deren Richtung und Bedeutung keine Einigkeit besteht. Ohne derartige Wertvorgaben ist aber der Bedarf epidemiologisch nur schwer bestimmbar. Die Zahl der Krankheiten, bei denen ein übereinstimmend bewerteter Bedarf nach aufwendiger Behandlung oder Betreuung epidemiologisch feststellbar ist, ist jedoch nicht gering. So wäre es beispielsweise von großer Wichtigkeit, möglichst genau die Zahl behinderter, intensiv zu betreuender Kinder und Erwachsener festzustellen, oder etwa mit Hilfe epidemiologischer Methoden die Zahl von Patienten, die einer Nierentransplantation oder einer Dialyse unterzogen werden müssen, genau prognostizieren zu können. Wenn sich epidemiologisch feststellen läßt, daß zwischen einzelnen Regionen wie Stadt- oder Landkreisen erhebliche Unterschiede in der Häufigkeit des Herzinfarktes bestehen, so sollte das einen erheblichen Einfluß auf die Planung von Intensivstationen, aber auch von Programmen der Gesundheitsvorsorge haben. Bedarfspläne, die von Fachgesellschaften vorgelegt werden, müssen epidemiologisch begründet werden. Es müssen Schätzwerte über die Zahl der betroffenen Patienten - aufgegliedert in Bestand und Neuerkrankungsziffer -, über den von neuen Einrichtungen oder Programmen zu erwartenden Nutzen und die zur Erreichung der Ziele erforderlichen Ressourcen angegeben werden. Dies überfordert im allgemeinen die Fachgesellschaften, wenn sie sich nicht der epidemiologischen Methode bedienen, und es überfordert den Politiker, wenn er die Zuverlässigkeit der von den Fachgesellschaften vorgelegten Zahlen überprüfen muß.

Wenn es um die Erreichung der Ziele des Gesundheitssystems und einzelner Programme in der Prävention, Erkennunq, Behandlung und Rehabilitation von Krankheiten geht, dann kann die Epidemiologie Methoden zur Verfügung stellen, um den Zielerreichungsgrad durch evaluative Forschung zu bestimmen. Evaluation wird daher ein immer wichtigeres Feld der Epidemiologie. Häufig geht es um die Evaluation spezifischer Programme mit spezifischen Zielen; auch die Feststellung der Effektivität und Effizienz von alten und neuen präventiven, diagnostischen und therapeutischen Maßnahmen gehört hierher. Seit Jahrzehnten ist die Epidemiologie auch dabei zu erforschen, wieweit die Leistung der medizinischen Versorgung den neuzeitlichen Menschheitsidealen von Gerechtigkeit und Chancengleichheit entspricht. Dies ist die Hauptstoßrichtung der früheren und der gegenwärtigen sozialen Epidemiologie, die häufig Ungleichheit der Krankheit und der Versorgung feststellt und rasch in den Strudel widerstrebender politischer Meinungen gerät, wenn sie nicht unangreifbare Resultate vorlegt und auch selbst nach Erklärungs- und Lösungsmöglichkeiten sucht.

Der Begriff der Gesundheitssystemforschung hat für die Epidemiologie einen großen Nachteil: Nur wenige Krankheiten entstehen innerhalb des Gesundheitssystems. Andere gesellschaftliche Systeme, wie das der Bildung, der Ernährung, der Arbeit oder der Umwelt sind für das Auftreten von Krankheiten weit wichtiger. Ebenso ist das "Gesundheitssystem" unbegrenzt, denn auch Vorbeugung, Feststellung, Behandlung und Rehabilitation von Krankheiten spielen sich in großem Umfange in anderen Systemen ab. Systemabgrenzung und Systemanalyse scheinen manche Forscher zu befriedigen, der Epidemiologe denkt eher problem- und weniger systembezogen.

Epidemiologie ist keine Disziplin für sich, sie ist eine Zusammenfassung von Methoden, eine Denkweise und ein Ansatz zur Problemlösung. In ihr können Fachleute verschiedener wissenschaftlicher Herkunft arbeiten, die sich treffen in ihrer Orientierung auf Krankheiten in der Bevölkerung und deren Folgen. Diese Folgen sind der Hauptinhalt der Gesundheitssystemforschung, deren Nomenklatur und Denkweise gelegentlich vergessen läßt, wozu das Gesundheitssystem eigentlich vorhanden ist.

Literatur:

White, K.L. and Henderson, M.M. (eds.): Epidemiology as a fundamental science. New York: Oxford Press, 1976

C. DIETRICH

Industrieanlagen-Betriebsgesellschaft mbH, 8012 Ottobrunn

Analyse von gesundheitspolitischen Aussagen und Reformvorschlägen von Verbänden und Parteien

Einleitung

In der Systemforschung versucht man - vereinfacht gesprochen - die Systemgrenze und die Systemelemente eindeutig auszumachen und die Wechselwirkungen der Systemelemente untereinander und über die Systemgrenze hinweg quantitativ zu beschreiben. Das Systemgeschehen kann bei diesem Ansatz interpretiert werden als Austausch, Erzeugung und Vernichtung von Größen wie Information, Energie, Material, Personal. Der Wunsch, dieses Systemgeschehen erkennen zu wollen, kleidet sich häufig in die Frage: Was spielt sich denn in dem betrachteten System wirklich ab? Mit dem Wort "wirklich" ist implicit gemeint, daß diese Wirklichkeit beliebig genau erfaßt werden kann, wenn man nur scharf genug hinzuschauen vermag. Dieses Vorgehen würde zwar Zeit in Anspruch nehmen, kostet sicherlich viel Geld, übersteigt häufig die Kapazität der heutigen Rechenanlagen, sei aber prinzipiell möglich.

Unsere Erfahrungen mit Systemstudien auf dem Gesundheitssektor haben uns diesbezüglich etwas vorsichtig werden lassen. Vorsichtig, was diese Erfaßbarkeit von Systemen und von einzelnen Systemelementen anbetrifft.

Wir haben gelernt, daß unterschiedliche Perspektiven, wie sie der Produktion, dem Management, der Verwaltung und der Forschung eigen sind, u.a. zu nicht aufhebbaren unterschiedlichen Zuordnungen der Begriffe und damit zu unterschiedlichen Häufigkeiten von aufzählbaren Elementen führen.

Um es zu verdeutlichen: In einer Universitätsklinik der Bundesrepublik schwankte bei einer unserer Isterhebungen die Zahl der OP-Säle zwischen 30 und 60, je nachdem, ob die Antwort von der Verwaltung, dem Technischen Personal oder den Chefärzten eingeholt wurde.

Diesen Vorgang beobachten wir auch häufig in der Phase der Erstellung eines Krankenhauses, wo Funktionspräzisierungen zu überraschenden Umdeutungen und schließlich zu erheblichen Kostensteigerungen führen.

Eine weitere Unschärfebeziehung erleben wir in unserer eigenen Arbeit zwischen Arbeitszeit und Arbeitsinhalt. Ein Zeitmaß für die gesamte Studiendauer ist leicht einzuhalten, wenn der Projektinhalt vage genug formuliert ist und umgekehrt, bei genauer Zielsetzung der Studie ist der Zeitaufwand nur noch grob abzuschätzen.

Nicht verschwindende Unschärfebeziehungen fanden wir auch bei der Fragestellung: Wer macht was. Hier erzeugt das Verlangen nach Zuständigkeit (Bereichserweiterung) und die Scheu vor Verantwortung eine ständig schwankende und zeitlich nicht fixierbare Arbeitsgebietabgrenzung.

Dieses, meines Erachtens noch wenig bearbeitete Feld der Unschärfebeziehungen im Zusammenhang mit Systemforschung tritt noch schärfer in den Vordergrund, wenn man sich abwendet von der Frage: Was wird gemacht? und sich zuwendet der Frage: Was wird gedacht?

Das Beschäftigen mit dieser Frage ist jedoch meines Erachtens sinnvoll, da das Denken der Systemteilnehmer oft ihrem Handeln vorgeschaltet ist und daher auch Untersuchungsgegenstand der Systemforschung sein sollte.

Sie alle kennen wahrscheinlich die scherzhafte Aussage: Wie kann ich wissen, was ich denke, bevor ich höre, was ich sage. Diese Feststellung spricht die Divergenz zwischen dem Gesagten und Gemeinten trefflich an und ist Ursache für viele Fehlinterpretationen und Richtigstellungen.

Und dennoch besitzt die Welt der Abstraktionen und Modelle einen unschätzbaren Vorteil. In ihr kann alles, was stört oder unklar ist, außerhalb der Betrachtung bleiben.

Aus dieser Einsicht schöpfen wir den Mut, mit formalen und inhaltlichen Analysen von gesundheitspolitischen Aussagen und Reformvorschlägen von Verbänden und Parteien zu beginnen.

Formale Analyse

In der formalen Analyse gesundheitspolitischer Aussagen versuchen wir alles das zu zählen und zu messen, was der quantitativen Erfassung zugänglich ist.
Es lassen sich hierbei u.a. folgende Aufgaben bewältigen:

a) Strukturelle Gliederungen gesundheitspolitischer Aussagen nach
   - Prinzipien
   - Zielen
   - Strategien
   - Taktiken.

b) Erfassen von Häufigkeiten von
   - zielsetzenden Aussagen
   - strategischen Aussagen
   - taktischen Aussagen

   zu den einzelnen Sektoren des Gesundheitswesens quer durch alle Parteien und Verbände.

c) Ermittlung von
   - Gemeinsamkeit und
   - Unterschiedlichkeit

   von gesundheitspolitischen Aussagen über die Parteien hinweg.

d) Erfassung von
   - Zeitpunkt der erstmaligen Äußerung
   - Lebensdauer
   - Wanderung zwischen verschiedenen Parteien

   von gesundheitspolitischen Aussagen.

e) Gliederung der gesundheitspolitischen Aussagen nach
   - Spezifikationsgrad
   - Detaillierungsgrad

   um die Tragweite einzelner Aussagen entsprechend einer hierarchischen Erfassung festzulegen.

In unseren Untersuchungen haben wir uns bisher auf die offiziellen gesundheitspolitischen Äußerungen von Parteien und Verbänden beschränkt, die den Parteitagspapieren und Grundsatzpapieren zu entnehmen sind.

In den nächsten Bildern werden einige Ergebnisse aus der formalen Analyse gesundheitspolitischer Programme ohne weiteren Kommentar gezeigt.

Bild 1 bringt eine Häufigkeitsdarstellung von gesundheitspolitischen Aussagen der maßgeblichen Parteien und Verbände in der Bundesrepublik aufgegliedert nach Prinzipien, Zielen, Strategien und Taktiken.

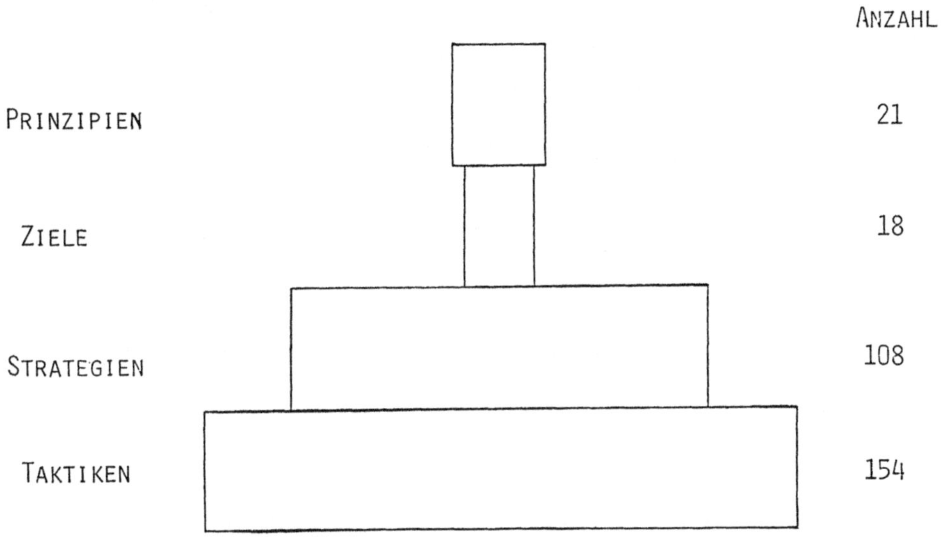

BILD 1: GESAMTPROFIL DER PARTEIEN/VERBÄNDE 1977

In Bild 2 sind die Gemeinsamkeit (gleichlautend = gemeinsam) und Unterschiedlichkeit von Aussagen mit eingetragen.

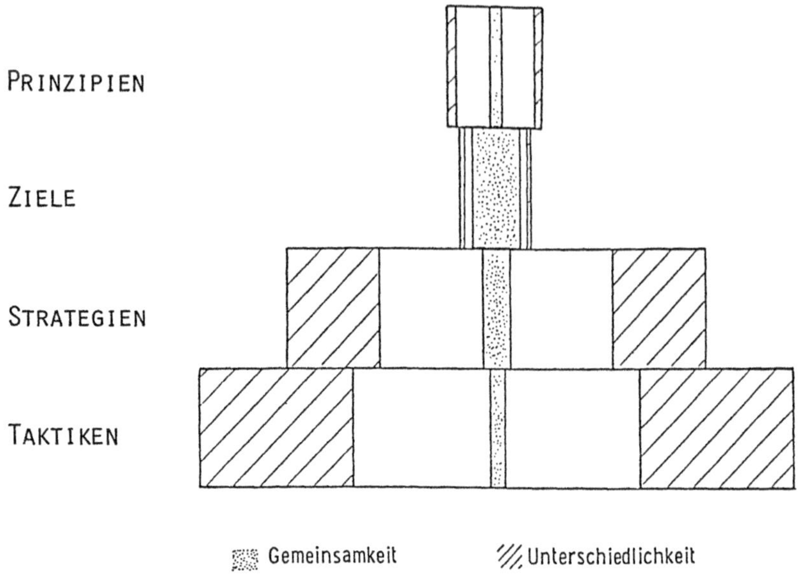

BILD 2: GESAMTPROFIL DER PARTEIEN/VERBÄNDE 1977

Bild 3 bringt Profile der einzelnen Gruppen und deren zeitliche Veränderung im Laufe der Jahre 1974 bis 1977.

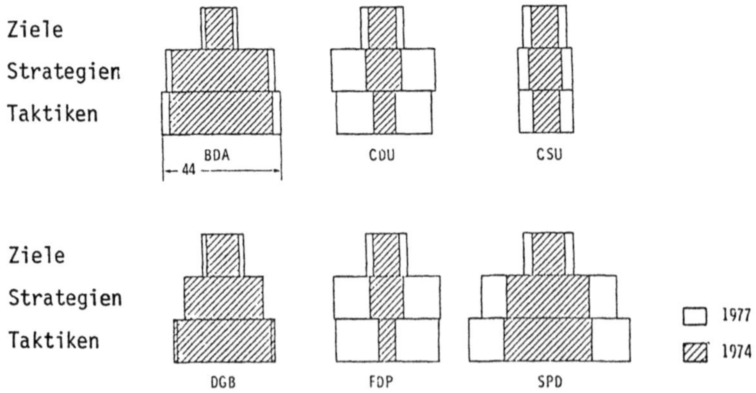

BILD 3: PROFILE DER PARTEIEN/VERBÄNDE 1977 UND 1974

Bild 4 zeigt die Profile der Strategien der Parteien aufgetragen über die Ziele.

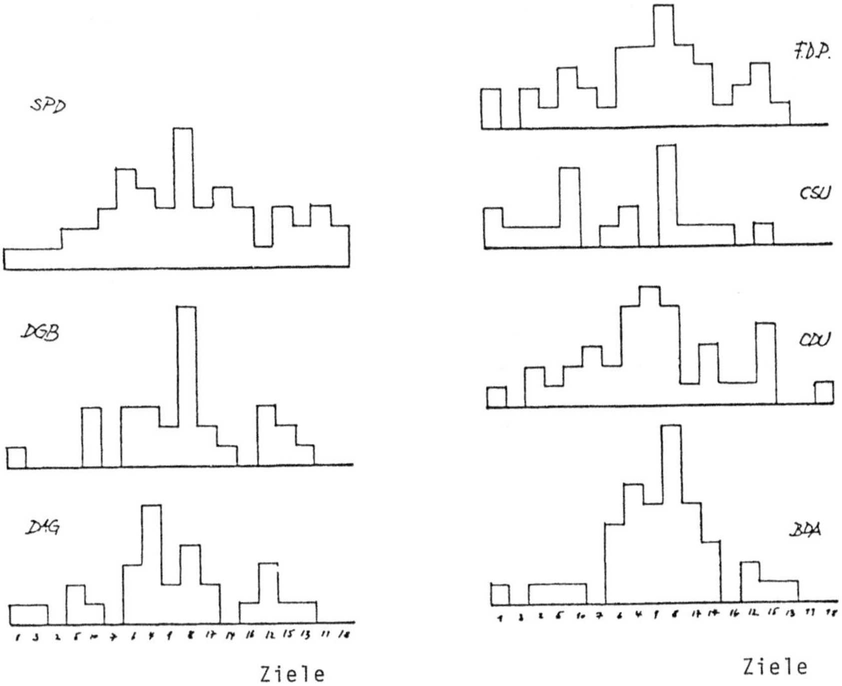

BILD 4: PROFILE DER STRATEGIEN DER PARTEIEN ÜBER DIE ZIELE

In Bild 5 sind die gemeinsamen Strategien von je 2 Parteien über die Ziele aufgetragen.

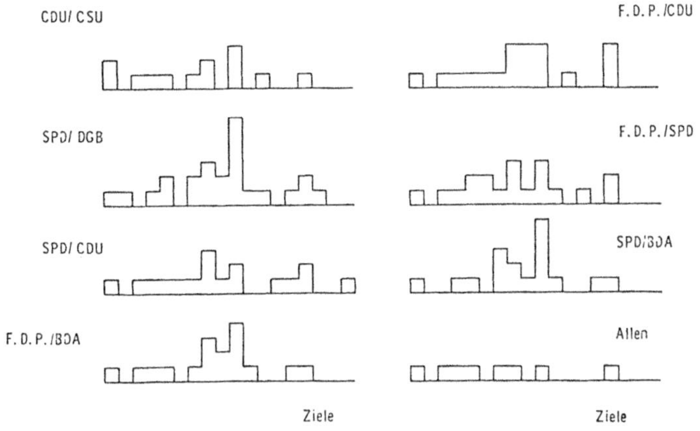

BILD 5: GEMEINSAME STRATEGIEN BEI

Zusammenfassung:

Eine wissenschaftliche formale Auswertung vergangener und derzeitiger gesundheitspolitischer Programme von Parteien und Verbänden auch über die nationalen Grenzen hinweg bringt u.a. Aufschlüsse über:

- Programmschwerpunkte und Verschiebungen im Laufe der Zeit

- Übereinstimmung und Gegensatz unterschiedlicher Programme

- Gegenseitigen Einfluß der Programme im Laufe der Zeit

- Dynamik einzelner gesundheitspolitischer Probleme (z.B. wie lange bleibt im Durchschnitt ein Thema im politischen Blickfeld).

Wirkungsanalysen von Reformvorschlägen

Bei der Wirkungsanalyse von Reformvorschlägen beschränken wir uns derzeit auf den Bereich des Sekundäroutputs im Gesundheitswesen. Obwohl viele politische Reformvorschläge als auf das Wohl des einzelnen abzielend ettiketiert werden (Schlagwort: Im Mittelpunkt all unserer Überlegungen steht der Mensch) und demnach eine Verbesserung des Primäroutputs anstreben müßten, ist es doch meistens so, daß diese Reformvorschläge zunächst nur eine Veränderung des Sekundäroutpouts ausweisen.

In unserer Wirkungsanalyse des Sekundäroutpouts von Reformvorschlägen gehen wir in drei Schritten vor:

Im ersten Schritt beschreiben wir den Reformvorschlag hinsichtlich der durch ihn verursachten Veränderungen der Angebotsstruktur, d.h. der Zuordnung von kurativen Leistungsgruppen zu Institutionen. (Die Nachfragestruktur wird als gleichbleibend interpretiert.)

Im zweiten Schritt ermitteln wir die durch die Veränderungen in der Angebotsstruktur ausgelösten Mechanismen.

In Schritt drei versuchen wir die Auswirkungen dieser Strukturänderungen auf Kosten, Mengen und Preise von Gesundheitsleistungen zu ermitteln.

An dieser Stelle ist es erforderlich, kurz mitzuteilen, wodurch wir die Angebotsstruktur festlegen wollen. Eine bestimmte Angebotsstruktur kann gekennzeichnet werden durch eine bestimmte Zuordnung von Leistungsgruppen zu Institutionen. (Leistungsgruppen sind zu Gruppen zusammengefaßte Einzelleistungen.)

Eine Veränderung der Angebotsstruktur ist damit definiert als eine Veränderung der Zuordnung.

Die Wirkungsanalyse der geschilderten Art von Reformvorschlägen würde sehr viel einfacher durchzuführen sein, wenn es uns gelänge, streng gültige Wirkungszusammenhänge zwischen Strukturveränderungen auf der Angebotsseite und Änderungen von Mengen, Preisen und Kosten aufzustellen. Diese Beziehungen hätten dann den Vorteil, daß sie linear überlagerbar wären. D.h. mehrere gleichzeitig vorgenommene Angebotsveränderungen setzen sich in ihrer Gesamtwirkung aus der Summe der Einzelwirkungen zusammen.

Derzeit sind wir dabei, Wirkungsmechanismen dieser Art auf dem Gesundheitssektor der ambulanten und stationären Versorgung qualitativ auszuformulieren und ihre quantitative Ermittlung vorzubereiten.

Hierzu wurden bisher fünf Komponenten der Strukturveränderungen des Angebots (z.B. Zentralisierung, vertikale Konzentration) und vier Einflußfaktoren (z.B. Informationsstand der Beteiligten, rechtlicher Rahmen) auf Menge, Kosten und Preise herangezogen, die bereits eine tendenzielle Bewertung von Reformvorschlägen zulassen.

Dieses Vorgehen soll zum Abschluß des Referates am Beispiel des Reformvorschlages "Praxisklinik" kurz erläutert werden.

Beschreibung des Reformvorschlags "Praxisklinik"

Die Praxisklinik ist eine Gruppenpraxis, in der Ärzte verschiedenster Fachrichtungen zugleich ambulant und stationär am Patienten tätig werden können. Ambulante und stationäre Versorgung haben das gleiche Gewicht. Im stationären Bereich kommen Praxiskliniken für die gesamte Grundversorgung in Betracht (300 Betten), unter bestimmten Voraussetzungen auch für die Regelversorgung. Sie sollen unter einer einheitlichen Betriebsführungsgesellschaft (Beteiligung von Gemeinden, Kirchen und Ärzten denkbar) im "Ketten- und Franchising-System zusammenarbeiten.

In Bild 6 ist zum besseren Verständnis des Reformvorschlages schematisiert die aktuelle Angebotsstruktur des kurativen Versorgungsbereichs dargestellt.

Zur Beschreibung des kurativen ärztlichen und pflegerischen Leistungen ist eine Einteilung in vier Leistungsgruppen vorgenommen worden.

Kurative diagnostische und therapeutische Leistungen der Versorgungsstufe I sind medizinische Leistungen, die in der Verantwortung eines Allgemeinpraktikers erbracht werden.

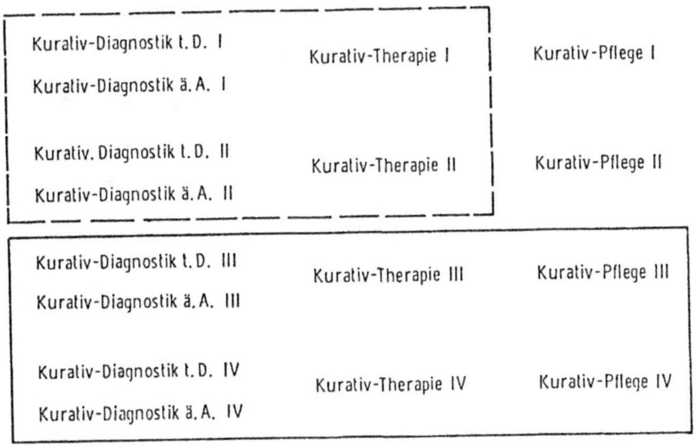

t.D. = technische Durchführung, ä.A. = ärztliche Auswertung
---- niedergelassene Ärzte, ——— Krankenhäuser

BILD 5: ANGEBOTSSTRUKTUR AKTUELLER STAND

Kurative diagnostische und therapeutische Leistungen der Versorgungsstufe II sind medizinische Leistungen, die in der Verantwortung eines Facharztes erbracht werden.

Kurative diagnostische und therapeutische Leistungen der Versorgungsstufe II sind medizinische Leistungen, die in enger Zusammenarbeit von Fachärzten verschiedener Richtungen erbracht werden.

Kurative diagnostische und therapeutische Leistungen der Versorgungsstufe IV sind medizinische Leistungen, die in enger Zusammenarbeit hochspezialisierter Fachärzte verschiedener Richtungen erbracht werden.

Kurativpflege der Versorgungsstufe I umfaßt alle pflegerischen Leistungen, die der Patient oder dessen Angehörige zu Hause ohne auf die Pflege spezialisierte Einrichtungen (z.B. Betten) durchführen können.

Kurativpflege der Versorgungsstufe II umfaßt alle pflegerischen Leistungen, die nur eine ausgebildete Pflegekraft im Haus des Patienten oder ihrem eigenen ohne auf die Pflege spezialisierte Einrichtungen durchführen kann.

Kurativpflege der Versorgungsstufe III umfaßt alle pflegerischen Leistungen, die ausgebildete Pflegekräfte mit Hilfe besonderer Pflegeeinrichtungen (z.B. bestimmte Betten) durchführen können.

Kurativpflege der Versorgungsstufe IV umfaßt die Leistungen der sog. Intensivpflege.

Bild 7 zeigt die Veränderung der Angebotsstruktur, die durch den Reformvorschlag angestrebt wird.

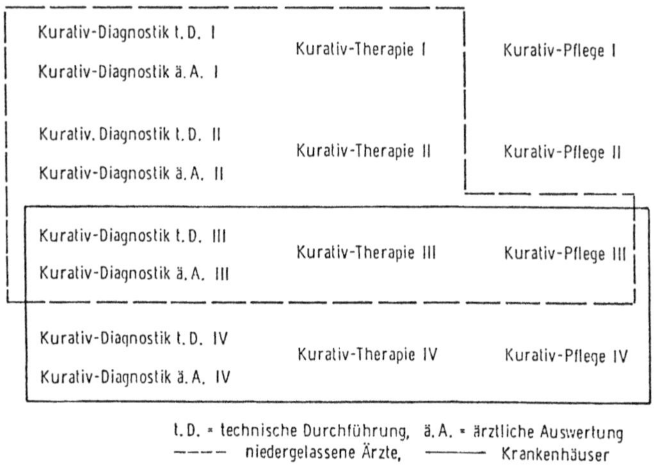

BILD 7: ZUORDNUNG DER KURATIVEN LEISTUNGSGRUPPEN ZU INSTITUTIONEN DES GESUNDHEITSWESENS IM REFORMVORSCHLAG "PRAXISKLINIK"

Analyse des Reformvorschlages "Praxisklinik"

Die Analyse des Reformvorschlages beschränkt sich hier auf die Kosten- und Mengenwirkung. Die im Text gebrauchten Abkürzungen

VK: Veränderungskomponente
WMk: k-ter Wirkungsmechanismus

sollen auf die schematisierte Anwendbarkeit dieser Veränderungskomponente und Wirkungsmechanismen hinweisen.

(Bisher sind in unseren Arbeiten zur Analyse von Reformvorschlägen 5 Veränderungskomponenten und 6 Wirkungsmechanismen herangezogen worden).

Durch die Zuordnung der gesamten Versorgungsstufe III zu den niedergelassenen Ärzten

- werden bei den Leistungsgruppen Diagnostik III, Therapie III und Pflege III die Funktion Arzt und die Funktion Träger verbunden (VK: funktionale Struktur).

  Die Mengen dieser Leistungsgruppen können dadurch steigen (WM 1).

- werden der Institution niedergelassener Ärzte die Leistungsgruppen der nächsthöheren Versorgungsstufe zugeordnet. Der Grad der vertikalen Konzentration steigt (VK: vertikale Konzentration).

  Der Informationsstand der behandelnden Ärzte kann dadurch verbessert werden und die Mengen der Leistungsgruppen Diagnostik II und III, Therapie II und III und Pflege III können sinken WM 3). Da die Allgemeinpraktiker an der Praxisklinik nicht beteiligt sind, ist nicht anzunehmen, daß auch die Menge der Leistungsgruppen Diagnostik und Therapie I sinken.

  Die institutionelle Koppelung der Leistungsgruppe Pflege III an die Leistungsgruppen Diagnostik III und Therapie III entfällt und die Menge der Leistungsgruppe Pflege III kann dadurch sinken (WM 4).

  Barrieren gegen die Inanspruchnahme der höheren Versorgungsstufe werden abgebaut. Dadurch können die Mengen der Leistungsgruppen Diagnostik III, Therapie III und Pflege III steigen und die Mengen der Leistungsgruppen Diagnostik II und Therapie II sinken. Die Gesamtkosten aller Leistungsgruppen können damit steigen (WM 5).

- wird die Erstellung der Leistungsgruppen Diagnostik, technische Durchführung II und III zusammengefaßt (VK: horizontale Konzentration).

  Die Kosten dieser Leistungsgruppe können dadurch sinken (WM 6).

- schließen sich die niedergelassenen Fachärzte in einer Gruppenpraxis zusammen (VK: Zentralisierungsgrad).

Dadurch steigt der horizontale Konzentrationsgrad in der Versorgungsstufe II. Die Kosten der Leistungsgruppe Diagnostik, technische Durchführung II können dadurch sinken.

In einer Tabelle werden zum Schluß die Auswirkungen des Reformvorschlages auf Mengen und Kosten der Wirkungsarten noch einmal übersichtlich zusammengestellt.

Leistungsgruppe* / Wirkungsbereich	Diagnostik t.D. I	Diagnostik ä.A. I	Therapie I	Diagnostik t.D. II	Diagnostik ä.A. II	Therapie II	Diagnostik t.D. III	Diagnostik ä.A. III	Therapie III	Pflege III	Diagnostik t.D. IV
Kosten pro Leistung				- -			-				
Menge der Leistungen				- -	- -	- -	+ - +	+ - +	+ - +	+ - - +	

+ steigt, - sinkt;

* Die Leistungsgruppen Pflege I, II, IV, Therapie IV, Diagnostik ä.A. IV erscheinen hier nicht, da ihre Kosten und Mengen durch keinen der Reformvorschläge eine Veränderung erfahren.

TABELLE: AUSWIRKUNGEN DER EINFÜHRUNG VON PRAXISKLINIKEN AUF KOSTEN UND MENGEN KURATIVER LEISTUNGSGRUPPEN

Literaturverzeichnis:

1. Dr. Dietrich, Clemens: Formale Analyse gesundheitspolitischer Programme von einzelnen Parteien und Verbänden in der Bundesrepublik Deutschland, IABG-Bericht M-SZ 1131/01, Juni 1977

2. Oberhofer, Franziska: Wirkungsanalyse struktureller Veränderungen im ambulanten und stationären Versorgungsbereich, angewandt auf aktuelle Reformvorschläge, IABG-Bericht B-SZ 1161/01, Juni 1978

Springer-Verlag
Berlin Heidelberg New York

Batch number: 10844827

Printed by Printforce, the Netherlands